Cours des Ec

PRIMAIRES ÉLÉMENTAI

Publié sous la direction de M. **E. CAZES**, Inspecteur d'Acaqᵉᵐᵘ

ARITHMÉTIQUE

COURS ÉLÉMENTAIRE

(1500 exercices)

« Sçavoir par cœur n'est
pas sçavoir. »

MONTAIGNE.

PARIS

LIBRAIRIE CH. DELAGRAVE

15, RUE SOUFFLOT, 15

1895

ARITHMÉTIQUE

COURS ÉLÉMENTAIRE

www.ingramcontent.com/pod-product-compliance
Lightning Source LLC
Chambersburg PA
CBHW080933220326
41598CB00034B/5772

9 783110 624373

COULOMMIERS

Imprimerie PAUL BRODARD.

ARITHMÉTIQUE

CHAPITRE PREMIER

Numération des nombres entiers.

NOMBRES DE UN A DIX.

1. GRANDEUR. — On appelle grandeur tout ce qui peut être compté ou mesuré. — Un panier de pommes, une somme d'argent, la table sur laquelle vous écrivez sont des grandeurs, car on peut compter les pommes qui sont dans le panier, les pièces de monnaie qui forment la somme d'argent et mesurer la longueur de la table avec le mètre.

2. Prenons une petite corbeille remplie de billes (fig. 1). Nous avons devant nous une grandeur, car nous pouvons compter les billes qui sont dans la corbeille.

Fig. 1.

Si nous voulons compter ces billes, nous les prendrons une à une et nous dirons :

●

Une bille 1

Une bille et une bille, font *deux* billes. . . . 2

Deux billes et une bille, font *trois* billes. . . 3

Trois billes et une bille, font *quatre* billes. 4

Quatre billes et une bille, font *cinq* billes . . 5

Cinq billes et une bille, font *six* billes . . . 6

Six billes et une bille, font *sept* billes. . . . 7

Sept billes et une bille, font *huit* billes . . . 8

Huit billes et une bille, font *neuf* billes. . . 9

Neuf billes et une bille, font *dix* billes . . . 10

3. **UNITÉ**. — Si nous voulions compter des pommes, des haricots, nous procéderions de la même façon.

L'un des objets qui sont ainsi comptés s'appelle l'*unité*. Dans l'exemple que nous avons choisi, l'unité est une bille.

4. **NOMBRE**. — Lorsqu'on compte ainsi les objets qui composent une grandeur, on obtient des *nombres : un, deux, trois, quatre, cinq, six, sept, huit, neuf, dix* sont des nombres.

Un *nombre* est donc **la réunion de plusieurs unités de même espèce**.

Seul, le nombre *un* ne renferme qu'une unité.

5. FORMATION DES NOMBRES. — Pour *former* les nombres on ajoute l'unité à elle-même : on obtient un nouveau nombre; on ajoute l'unité au nombre obtenu, ce qui donne un autre nombre, et ainsi de suite, autant de fois que l'on veut.

La suite des nombres est donc *illimitée*.

6. NUMÉRATION PARLÈE. — Après avoir formé les nombres, il faut les nommer. Nous avons vu plus haut que les premiers nombres s'appelaient :

Un, deux, trois, quatre, cinq, six, sept, huit, neuf, dix.

7. NUMÉRATION ÉCRITE. — Pour représenter les nombres, on se sert de caractères ou *chiffres*. Ces caractères, qui servent à désigner les neuf premiers nombres, comme nous l'avons vu (2), sont :

$$1, 2, 3, 4, 5, 6, 7, 8, 9.$$

Il existe un dixième caractère qu'on appelle *zéro* et qui se représente par le signe 0.

Le nombre dix se représente par le chiffre 1 suivi du zéro : 10.

NOMBRES DE DIX A CENT.

8. Nous avons compté les billes de notre corbeille et nous avons formé des tas de dix billes chacun. Mettons chaque tas sur un petit plateau (fig. 2). Nous aurons ainsi une série de plateaux contenant chacun dix billes ou *une dizaine* de billes.

Fig. 2.

Nous allons compter les petits plateaux comme nous avons compté les billes.

Nous aurons. —

Une dizaine de billes, ou *dix* billes 10

Deux dizaines de billes, ou *vingt* billes . . . 20

Trois dizaines de billes, ou *trente* billes. . . 30

Quatre dizaines de billes, ou *quarante* billes. 40

Cinq dizaines de billes, ou *cinquante* billes. 50

Six dizaines de billes, ou *soixante* billes. . . 60

Sept dizaines de billes, ou *soixante-dix* billes. 70

Huit dizaines de billes, ou *quatre-vingts* billes. 80

Neuf dizaines de billes, ou *quatre-vingt-dix*
billes. 90

Dix dizaines de billes, ou *cent* billes. . . . 100

9. Une *centaine* est formée de dix *dizaines*,
comme une *dizaine* est formée de dix *unités*. Une
centaine est formée de cent unités.

10. **NUMÉRATION PARLÉE**. — En comptant par
dizaines, nous avons obtenu dix nouveaux nombres :

dix, vingt, trente, quarante, cinquante, soixante, soixante-dix, quatre-vingts, quatre-vingt-dix, cent. — Soixante-dix, quatre-vingts, quatre-vingt-dix s'énoncent parfois *septante, octante, nonante.*

11. NUMÉRATION ÉCRITE. — Pour distinguer les nombres de dizaines des nombres d'unités, on écrit un zéro à la droite des neuf premiers chiffres. On a :

10, 20, 30, 40, 50, 60, 70, 80, 90.

Le nombre *cent* se représente par le chiffre 1 suivi de deux zéros.

100.

12. NOMBRES COMPRIS ENTRE DIX ET VINGT. — Prenons deux plateaux. Prenons une à une les billes qui sont sur le second et ajoutons-les au premier. Nous aurons ainsi de nouveaux nombres compris entre dix et vingt.

Voici comment on les forme :

Dix billes ou une dizaine de billes 10

Onze billes (au lieu de dix-un) 11

Douze billes (au lieu de dix-deux) 12

Treize billes (au lieu de dix-trois) 13

Quatorze billes (au lieu de dix-quatre) 14

Quinze billes (au lieu de dix-cinq) 15

Seize billes (au lieu de dix-six) 16

1.

Dix-sept billes. 17

Dix-huit billes. 18

Dix-neuf billes 19

Vingt billes, ou deux dizaines de billes. . . 20

En ajoutant une à une les billes d'un autre plateau aux deux plateaux qui forment deux dizaines de billes ou vingt billes, on aurait les nombres :

Vingt-une billes. 21
Vingt-deux billes 22
Vingt-trois billes. 23
Vingt-quatre billes. 24
Vingt-cinq billes. 25
Vingt-six billes. 26
Vingt-sept billes. 27
Vingt-huit billes. 28
Vingt-neuf billes. 29
Trente billes. 30

Ainsi de suite jusqu'à *cent*.

Entre deux nombres de dizaines consécutifs, il y a neuf nombres.

13. **NUMÉRATION PARLÉE**. — Pour nommer ces nouveaux nombres, on ajoute au nom de chaque groupe de dizaines les noms des neuf premiers nombres.

Exception est faite pour les nombres

     Dix-un   qui s'énonce onze
     Dix-deux   —   — douze

Dix-trois   qui s'énonce treize
Dix-quatre —   — quatorze
Dix-cinq   —   — quinze
Dix-six   —   — seize.

14. NUMÉRATION ÉCRITE. — Dans cinquante-neuf, par exemple, il y a 5 dizaines et 9 unités. Ce nombre s'écrit 59.

RÈGLE. — **Pour écrire les nombres compris entre un et cent, on écrit d'abord le chiffre des dizaines, puis, à droite, celui des unités.**

NOMBRES DE CENT A MILLE.

15. On compte par centaines comme on a compté par dizaines et par unités. On obtient ainsi :

Une centaine, ou *cent*.   100
Deux centaines, ou *deux cents*   200
Trois centaines, ou *trois cents*   300
Quatre centaines, ou *quatre cents*   400
Cinq centaines, ou *cinq cents*.   500
Six centaines, ou *six cents*.   600
Sept centaines, ou *sept cents*.   700
Huit centaines, ou *huit cents*.   800
Neuf centaines, ou *neuf cents*.   900
Dix centaines, ou *mille*. 1 000

16. Pour distinguer les groupes de centaines des groupes de dizaines et d'unités, on écrit deux zéros à la droite des neuf premiers chiffres.

Le nombre *mille* se représente par le chiffre 1 suivi de trois zéros. Un *mille* vaut *dix centaines*.

17. NOMBRES COMPRIS ENTRE DEUX NOMBRES DE CENTAINES CONSÉCUTIFS. — Entre deux nombres de centaines consécutifs, il y a quatre-vingt-dix-neuf nombres qu'on peut former en ajoutant successivement au plus petit groupe de centaines toutes les unités d'une centaine.

18. NUMÉRATION PARLÉE. — Pour nommer ces nouveaux nombres, on ajoute au nom de chaque groupe de centaines les noms des quatre-vingt-dix-neuf premiers nombres.

Ainsi on dit : deux cent cinquante-un
Huit cent soixante-trois.

19. NUMÉRATION ÉCRITE. — Dans huit cent soixante-trois, il y a huit centaines, six dizaines et trois unités, ou :

8 centaines 6 dizaines 3 unités.

Ce nombre s'écrira 863.

RÈGLE. — **Pour écrire un nombre compris entre cent et mille, on écrit le chiffre des centaines, puis à droite celui des dizaines et enfin celui des unités.**

Remarque I. — Le chiffre des unités occupe le premier rang à partir de la droite; le chiffre des dizaines occupe le second rang à partir de la droite, celui des centaines le troisième rang.

Remarque II. — Si dans le nombre considéré il n'y a pas de dizaines ou d'unités simples, on met un zéro à la place.

Ainsi :

Trois cent huit s'écrit 308
Quatre cent trente s'écrit 430
Cinq cents s'écrit 500.

NOMBRES DE MILLE A UN MILLION.

20. Nous avons vu que le groupe de dix centaines s'appelait *mille.* On considère ce nombre comme une nouvelle unité et on compte par mille comme on a compté jusqu'ici par unités simples.

Les nombres que nous avons formés avec les unités simples vont de *une* unité à *mille* unités; ceux que nous allons former iront de *un* mille à *mille* mille.

Seulement, pour distinguer les nombres de mille des nombres d'unités simples, on leur ajoute trois zéros sur la droite :

Nous aurons donc:

Un mille.	1 000
Deux mille.	2 000
Trois mille.	3 000
. . . .	
. . . .	
Neuf mille.	9 000
Dix mille.	10 000
Onze mille.	11 000
. . . .	
. . . .	
Quatre-vingt-dix-neuf mille.	99 000
Cent mille.	100 000
Cent un mille.	101 000
Neuf cent quatre-vingt-dix-neuf mille.	999 000
Mille mille ou un *million.*	1 000 000

21. — NOMBRES COMPRIS ENTRE DEUX NOMBRES DE MILLE CONSÉCUTIFS. — Entre deux nombres de mille consécutifs, il y a neuf cent quatre-vingt-dix-neuf nombres qu'on obtiendrait en ajoutant successivement toutes les unités d'un mille au plus petit groupe de mille.

22. NUMÉRATION PARLÉE. — Pour nommer ces nombres intermédiaires, on ajoute à chaque nombre de mille les noms des neuf cent quatre-vingt-dix-neuf premiers nombres.

On a, par exemple :

neuf mille cinq cent dix-sept
cent vingt-six mille trois cent quatre.

23. NUMÉRATION ÉCRITE. — Pour représenter le nombre trente-cinq mille six cent quarante-cinq unités ou 35 mille 6 centaines 4 dizaines 5 unités, on écrit 35 645.

RÈGLE. — **Pour écrire les nombres de mille à un million, on écrit d'abord le nombre des mille, puis à la droite le chiffre des centaines, celui des dizaines et celui des unités simples.**

Le nombre un million s'écrit au moyen du chiffre 1 suivi de six zéros :

$$1\ 000\ 000$$

REMARQUE I. — Le chiffre des mille occupe le quatrième rang à partir de la droite, celui des dizaines de mille le cinquième rang et celui des centaines de mille le sixième rang.

REMARQUE II. — Si dans le nombre considéré il n'y a pas de dizaines de mille, de mille, etc., on met un zéro à la place.

six cent mille cinquante-un s'écrit 600 051

24. CLASSES. ORDRES. — On divise les nombres en *classes* et celles-ci en *ordres*.

Les unités *principales* sont, nous l'avons vu, les *unités simples*, les *mille*, les *millions*.

La réunion des unités, des dizaines, des centaines de chaque unité principale forme une *classe*. Nous connaissons donc deux classes : celle des unités simples et celle des mille.

Chaque classe comprend trois *ordres*. La classe des mille, par exemple, comprend : l'ordre des mille, l'ordre des dizaines de mille, l'ordre des centaines de mille.

Les unités de chaque classe sont de mille en mille fois plus grandes les unes que les autres. Les unités de chaque ordre sont de dix en dix fois plus grandes les unes que les autres.

25. PRINCIPE DE LA NUMÉRATION ÉCRITE. — Nous avons vu dans l'écriture des nombres que le chiffre des unités occupait le premier rang à droite, le chiffre des dizaines le deuxième rang, etc. Donc

Tout chiffre placé à la gauche d'un autre représente des unités dix fois plus fortes que cet autre.

26. 1.ʳᵉ Conséquence. — **On rend un nombre dix, cent, mille fois plus grand en ajoutant à sa droite un, deux, trois zéros.**

Le nombre 2 560 ou 256 dizaines est dix fois plus grand que le nombre 256 puisqu'il exprime des unités dix fois plus fortes.

De même **si un nombre est terminé par des zéros, on le rend dix, cent, mille fois plus petit en supprimant un, deux, trois zéros sur la droite.**

27. 2° Conséquence. — **VALEUR ABSOLUE, VALEUR RELATIVE D'UN CHIFFRE. —** Tout chiffre pris dans un nombre a deux valeurs :

1° L'une qu'il a par lui-même, indépendamment des autres chiffres; c'est la valeur *absolue*.

2° L'autre qu'il doit au rang qu'il occupe dans le nombre : c'est la valeur *relative*.

Par exemple, dans le nombre 2 556, les deux 5 ont chacun une même valeur absolue. Ils représentent tous deux une collection de cinq unités d'un certain ordre. Leurs valeurs relatives sont différentes, car l'un représente 5 centaines ou 500 unités et l'autre 5 dizaines ou 50 unités.

28. **RÈGLE** *pour écrire un nombre de un à un million*. — **On écrit de gauche à droite les centaines, les dizaines et les unités de mille, puis les centaines, les dizaines et les unités simples. On remplace par des zéros les ordres qui manquent.**

Ex : trente-deux mille six cent dix-huit s'écrit :

32 618.

trois cent vingt mille six cent un s'écrit :

320 601.

29. **RÈGLE** *pour lire un nombre de un à un million*. — **On partage le nombre en deux tranches par un point que l'on place après le troisième chiffre à partir de la droite. On énonce la tranche à gauche comme si elle était seule, en la faisant suivre du mot mille; on énonce ensuite les centaines, dizaines et unités simples.**

Ainsi : 72 501

se lit : soixante-douze mille cinq cent une unités.

EXERCICES

SUR LES UNITÉS

EXERCICES ORAUX

1. Nommer les nombres de un à neuf.

2. Nommer les nombres de neuf à un : neuf, huit, sept, etc.

3. Compter le nombre de bancs, de vitres, de carreaux. d'encriers, de cartes, de tableaux noirs, etc., de la classe.

4. Combien de doigts dans la main?

5. Combien de lettres dans les mots : école, livre, table, pendule, muraille, encrier, cahier, crayon, etc.?

6. Quel nombre vient après : 3, 2, 4, 7, 1, 5, 8, 6?

7. Quel nombre vient avant : 4, 2, 9, 3, 6, 8, 5, 7?

EXERCICES ÉCRITS

1. Écrire : 1º en lettres; 2º en chiffres, les nombres de un à neuf.

2. Écrire : 1º en lettres; 2º en chiffres, les nombres de neuf à un.

3. Écrire en chiffres les nombres : trois, cinq, deux, six, quatre, neuf, un, sept.

4. Écrire en chiffres les nombres de deux à sept, de quatre à neuf, de trois à huit, de un à six.

5. Écrire les quatre nombres qui suivent : 3, 5, 2, 4.

6. Écrire les trois nombres qui précèdent : 5, 4, 7.

CALCUL MENTAL

1. Compter de 2 en 2 à partir de 2 jusqu'à 8.

2. Compter de 2 en 2 jusqu'à 9 à partir de : 1, 3, et 5.

3. Énoncer les nombres de 3 en 3 à partir de 3.

4. Énoncer les nombres qu'on obtient en diminuant de 2 à partir de 9.

5. Énoncer les nombres qu'on obtient en diminuant de 3 à partir de 9.

6. Léon a une bille; combien en aura-t-il s'il en gagne une? Combien, s'il en gagne 2? Combien, s'il en gagne 3? Combien, s'il en gagne 4?

7. Paul a gagné 3 bons points ce matin et 2 ce soir. Combien en a-t-il gagné dans sa journée?

8. Louis a dépensé 4 sous pour acheter un cahier, deux sous pour un porte-plume et 1 sou pour des plumes. Combien a-t-il dépensé en tout?

9. J'ai 4 sous dans une poche et 3 sous dans l'autre. Combien ai-je en tout? Combien ai-je de plus dans l'une que dans l'autre?

10. Charles avait 5 plumes; il en a donné une à Léon. Combien en a-t-il encore? Combien lui en resterait-il s'il en donnait encore une à Jules qui n'en a pas?

11. Lucien avait 9 bons points : il a bavardé; on lui en a retiré 3. Combien lui en reste-t-il? Combien lui en resterait-il si on lui en avait retiré 4? Si on lui en avait retiré 2?

12. Un enfant généreux rencontre 3 pauvres. Il donne 2 sous à chacun. Combien a-t-il distribué en tout? Combien lui aurait-il fallu pour donner seulement 1 sou à chacun? Combien, pour donner 3 sous à chacun?

13. Il y a 3 élèves dans la première table et 5 dans la deuxième. Combien y a-t-il d'élèves dans les deux tables?

14. Paul a neuf ans; Léon a deux ans de moins. Quel est l'âge de Léon? Quel est l'âge de Gaston qui a deux ans de moins que Léon?

15. J'ai 8 sous dans la main en pièces de 2 sous. Combien ai-je de pièces?

16. Un cahier coûtant 2 sous, combien paierait-on pour 2 cahiers? pour 3 cahiers? pour 4 cahiers?

17. J'avais 9 noisettes : j'en ai donné 3 à Jules, 2 à Léon et 2 à Louis. Combien en ai-je donné en tout? Combien m'en reste-t-il?

18. On partage 8 dragées entre 4 enfants : combien chaque enfant aura-t-il de dragées? Combien en resterait-il si on n'avait donné qu'une dragée à chaque enfant?

EXERCICES

SUR LES DIZAINES

EXERCICES ORAUX

1. Nommer les nombres formés : 1° de deux dizaines et de trois unités ; 2° de cinq dizaines et de deux unités ; 3° de quatre dizaines et de huit unités ; 4° de sept dizaines ; 5° de une dizaine et de quatre unités ; 6° de huit dizaines et de une unité ; 7° de neuf dizaines et de cinq unités.

2. Combien de dizaines et d'unités dans :

cinquante-deux ?	soixante-douze ?
vingt-six ?	trente-quatre ?
dix-neuf ?	vingt-huit ?
quarante-sept ?	quatre-vingt-sept ?
soixante-cinq ?	quatre-vingt-dix-huit ?

3. Comment fait-on pour que les chiffres 4, 7, 5, 3, 2, représentent des dizaines ?

4. Que deviennent : 40, 30, 70, 50, 60, 80, quand on supprime le zéro ?

5. Quel nombre vient après : 65, 37, 48, 17, 72, 80, 84, 57, 26, 59, 34, 53, 60, etc. ?

6. Quel nombre vient avant : 35, 70, 45, 37, 52, 29, 30, 74, 68, 32, 51, 89, 96, 90, etc. ?

EXERCICES ÉCRITS

1. Écrire en chiffres les nombres suivants :

vingt-cinq livres ;	soixante-cinq crayons ;
trente-quatre plumes ;	quarante-deux encriers ;
cinquante-huit carreaux ;	quatre-vingt-cinq francs ;
dix-sept tableaux ;	soixante-dix-sept cahiers.

2. Lire ou écrire en lettres les nombres suivants : 5, 9, 12, 15, 26, 33, 45, 58, 69, 71, 82, 88, 94, 99.

3. Écrire les nombres consécutifs de 50 à 80, de 72 à 99.

4. Écrire cinq nombres consécutifs à partir : de 34, de 27, de 48, de 56, de 20, de 63, de 70, de 92.

˙CALCUL MENTAL

1. Compter par ordre tous les nombres de un à cent et de cent à un.

2. Compter par 2 à partir de deux jusqu'à cinquante, et puis de cinquante jusqu'à 2 en rétrogradant.

3. Compter par 3 à partir de 9 jusqu'à 48.

4. Compter de dix en dix jusqu'à 100 : 10, 20, 30, 40, etc.

5. Compter par dix à partir de 11 jusqu'à 91 : 11, 21, 31, etc.

6. Compter par dix à partir : de 1, 2, 3, 4, 5, 6, 7, 8 et 9.

7. Compter par cinq en commençant par 5 jusqu'à 100 : 5, 10, 15, etc.

8. Quel est le chiffre qui représente le plus d'unités : 1° dans 37 ; 2° dans 52 ; 3° dans 48 ; dans 27 ; dans 19 ? Pourquoi ?

9. Lucien avait 25 lignes à faire : il en a fait dix. Combien lui en reste-t-il encore à faire ?

10. On entre dans une classe à 8 heures ; on y reste pendant 3 heures. A quelle heure en sort-on ?

11. Charles a 9 ans ; quel âge aura-t-il dans 5 ans, dans 8 ans ?

12. Le pantalon de Georges coûte 7 francs et sa blouse 6 francs. Combien coûte son costume ?

13. Au jour de l'an, Paul a reçu une pièce de 20 francs, 4 pièces de 2 francs. Combien a-t-il reçu en tout ?

14. Votre mère avait 15 francs ; elle vous achète des chaussures de 8 francs. Combien lui reste-t-il ? Combien lui resterait-il si vos chaussures avaient coûté 11 francs ?

15. Des enfants marchent par files de 2 ; combien y a-t-il d'élèves dans cinq files ? Combien dans 6, 7, 8, 9, 10 files ?

16. Une ardoise coûte 4 sous. Combien paierait-on pour 2 ardoises? pour 3, pour 4, pour 5, pour 8 ardoises?

17. Un ouvrier a reçu 3 pièces de 5 francs. Combien cela fait-il? Combien aurait-il reçu de francs si on lui avait donné 5 pièces de 5 francs?

18. Il y avait 46 élèves dans la classe; 4 nouveaux élèves sont arrivés. Combien y en a-t-il maintenant?

19. Jules avait 56 billes; il en a perdu 8. Combien lui en reste-t-il? Combien en aurait-il s'il en regagnait 12?

20. Dans mon jardin, il y a 12 pêchers, 14 cerisiers, 8 pommiers et 16 poiriers. Combien y a-t-il d'arbres en tout?

21. Dans une classe, il y a 7 tables de chacune 6 élèves. Combien y a-t-il d'élèves dans cette classe?

22. Combien aurait-on de tablettes de chocolat pour 24 sous si chaque tablette coûte 2 sous? Combien en aurait-on si chaque tablette coûtait 3 sous?

EXERCICES

SUR LES CENTAINES

EXERCICES ORAUX

1. Énoncer les nombres formés :

De cinq centaines; de trois centaines; de neuf centaines; de quatre centaines; de six centaines; de sept centaines.

De quatre centaines et cinq unités; de trois centaines et huit dizaines; de sept centaines et quatre unités; de six centaines et trois dizaines; de huit centaines et neuf unités; de deux centaines et huit unités; de six centaines et sept dizaines.

De cinq centaines, trois dizaines et quatre unités;

De trois centaines, huit dizaines et une unité;

De six centaines, neuf dizaines et cinq unités;

De neuf centaines, quatre dizaines et huit unités;

De une centaine, sept dizaines et cinq unités.

2. Combien de centaines, de dizaines et d'unités dans les nombres suivants :

Trois cents; cinq cents; huit cents; six cents; neuf cents?

Quatre cent neuf; cinq cent huit; deux cent cinq; six cent quatre; huit cent sept; trois cent six?

Deux cent cinquante; quatre cent vingt; six cent trente; sept cent soixante; deux cent quarante; neuf cent soixante-dix; six cent quatre-vingts; cent quatre-vingt-dix?

Trois cent quarante-deux; cinq cent soixante-huit; deux cent vingt-neuf; sept cent cinquante-quatre; huit cent quatre-vingt-dix-huit; six cent vingt-neuf.

3. A quel rang place-t-on les unités? les dizaines? les centaines?

4. Combien la centaine vaut-elle de dizaines? d'unités?

5. Combien y a-t-il : 1° de dizaines; 2° d'unités dans une centaine?

6. Quel nombre vient après 216, 438, 584, 609, 772, 689, 934? avant 148, 250, 700, 638, 980, 782, 892, 507?

EXERCICES ÉCRITS

1. Écrire en chiffres les nombres suivants :

Six cents; cinq cent huit; quatre cent vingt-sept; sept cent trente-cinq; trois cent soixante-douze; deux cent cinquante; huit cent quarante-six; sept cent quatre-vingt-neuf; cent douze; cinq cent quatre-vingt-dix-sept.

2. Lire ou écrire en lettres les nombres suivants : 235, 423, 317, 568, 986, 790, 667, 482, 376, 609, 897.

3. Écrire les nombres de 100 à 250 et de 350 à 200.

CALCUL MENTAL

1. Compter par deux, à partir de deux jusqu'à cent.

2. Compter par deux en descendant, à partir de cent jusqu'à deux.

3. Compter par trois, à partir de trois jusqu'à quatre-vingt-dix-neuf.

4. Un homme mélange un litre de vin à 18 sous avec un litre de vin à 12 sous. Quelle est la valeur du mélange?

5. Léon avait 32 lignes de copie à faire : il en a fait 15 le

matin et 12 le soir. Combien a-t-il fait de lignes en tout?
Combien lui en reste-t-il à faire?

6. J'ai dans ma bourse 5 pièces de 10 francs et 1 de
5 francs. Quelle est la somme que je possède?

7. Jules avait 72 billes; il en a perdu 12; combien lui en
restait-il? Après, il en a gagné 17; combien en a-t-il maintenant?

8. On partage également 16 prunes entre 4 enfants. Combien chaque enfant a-t-il de prunes?

9. Un ouvrier a gagné 40 francs en 10 jours. Combien
gagne-t-il par jour? Combien gagnerait-il en 5 jours? en
6 jours? en 7 jours? en 8 jours?

10. Une corde avait 74 mètres de long; on y a ajouté une
autre corde de 22 mètres de long. Quelle longueur forment-
elles ensemble?

11. J'avais cinquante francs à la Caisse d'épargne; j'ai retiré
38 francs pour m'habiller. Combien me reste-t-il encore?

12. Un chapeau coûtant 8 francs, combien paierait-on pour
2 chapeaux? pour 4 chapeaux? pour 5 chapeaux?

13. Partagez 28 billes entre quatre enfants et dites combien chacun en aura.

14. Un litre de lait coûte 5 sous. Combien coûteront 2 litres?
3 litres? 4 litres? 6 litres? 7 litres?

15. Un ouvrier dépense 2 sous de tabac par jour. Combien dépense-t-il par semaine? Combien de temps lui dure-
rait un paquet de 10 sous?

EXERCICES

SUR LES MILLE

EXERCICES ORAUX

1. Énoncer les nombres formés de :
Trente mille et quatre unités;
Trois cent quarante-six mille et soixante-quinze unités;

Un mille et trente-six dizaines ;

Cinq mille et cinquante-quatre dizaines ;

Quarante-huit mille et vingt-cinq unités ;

Six cent quatre-vingt-quinze mille et dix-sept unités ;

Deux cent mille et sept centaines ;

Neuf cent dix-neuf mille et six dizaines ;

Cinq cent quarante-six mille et trois cent vingt-cinq unités ;

Sept cent neuf mille et cent huit unités ;

Huit cent soixante-cinq mille et cinquante-cinq unités.

2. Combien de centaines, de dizaines et d'unités de mille dans les nombres suivants :

Huit mille ; cinquante-deux mille ; cent quarante-cinq mille ; six cent vingt-sept mille ; quatre cent huit mille ; sept cent soixante-douze mille ; quatre-vingt-sept mille ; cinq cent cinquante mille ; trois cent quarante-huit mille ; neuf cent quatre-vingt-dix-neuf mille ?

3. A quel rang place-t-on les dizaines de mille ? les unités de mille ? les centaines de mille ? les centaines d'unités ?

4. Combien la centaine de mille vaut-elle de dizaines de mille ? d'unités de mille ?

5. Combien y a-t-il de dizaines de mille, d'unités de mille, dans une centaine de mille ?

6. Quel nombre vient avant : 4 356 ; 23 549 ; 99 346 ; 127 428 ; 75 000 ; 537 815 ; 174 880 ; 609 800 ; 537 467 ; 532 459 ; 984 776 ; 460 930 ; 748 594 ?

7. Décomposer les nombres suivants en leurs différents ordres d'unités : 237 647 ; 98 572 ; 129 604 ; 9 376 ; 703 439 ; 592 681 ; 750 867 ; 156 083 ; 724 830 ; 696 948 ; 169 348 ; 537 146 ; 328 614 ; 853 694 ?

EXERCICES ÉCRITS

1. Écrire en chiffres les nombres suivants :

Trois mille deux cent quarante ; soixante-cinq mille six cent neuf ; deux cent quarante-sept mille quatre cent quatre-vingt-douze ; sept cent cinq mille huit cent trente-six ; cinq cent huit mille soixante-quinze ; quatre cent quarante-trois mille six cent vingt-quatre ; sept cent mille neuf cent vingt-six ; six cent cinquante-sept mille quatre cent trente-deux ;

cinq cent quatre-vingt-six mille sept cent cinquante-quatre ; deux cent neuf mille vingt-quatre ; cinq cent trente mille huit cents.

2. Lire ou écrire en lettres les nombres suivants :

7 340	28 742	142 748	748 531
5 975	52 609	328 652	75 809
4 684	38 075	776 809	7 084
9 758	46 340	503 632	835 607
6 074	50 672	485 038	974 698

3. Écrire en chiffres les cent premiers nombres de mille.

CALCUL MENTAL

1. Compter par 3, en rétrogradant, à partir de 48 jusqu'à 3 : 48, 45, 43, etc. ;

2. Compter par 10, en descendant, à partir de cent jusqu'à dix : 100, 90, 80, etc.

3. Compter par 5, en descendant, à partir de cent jusqu'à cinq : 100, 95, 90, etc.

4. Un baril contenait 28 litres de vin ; on y a versé encore 14 litres. Combien y a-t-il de litres de vin maintenant dans ce baril ?

5. Il y a dans une classe 45 élèves assis sur 9 tables. Combien y a-t-il d'élèves sur chaque table ?

6. Un ouvrier gagne 5 francs par jour. Combien gagne-t-il dans une semaine de 6 jours de travail ? dans 2 semaines ?

7. Une pièce d'étoffe de 7 mètres a été payée 21 francs. Combien coûte le mètre de cette étoffe ?

8. Un robinet fournit 8 litres d'eau par minute. Il emplit un vase en 6 minutes. Quelle est la contenance de ce vase ?

9. Un ouvrier avait à faire 67 mètres d'un ouvrage ; il en a déjà fait 54 mètres. Combien lui reste-t-il de mètres à faire ?

10. Combien y a-t-il de jours dans 2 semaines ? 4 semaines ? 7 semaines ? 8 semaines ? 10 semaines ?

EXERCICES

SUR LES MILLIONS

EXERCICES ORAUX

1. A quel rang s'écrivent les dizaines d'unités? les centaines d'unités? les unités de mille? les dizaines de mille? les centaines de mille?

2. Comment se nomment les unités du 1er ordre? du 3e ordre? du 4e ordre? du 6e ordre? du 8e ordre?

3. A quelle classe appartiennent les unités du 2e ordre? du 5e ordre? du 4e ordre? du 7e ordre? du 3e ordre?

4. Combien d'unités dans une centaine d'unités? dans une dizaine de mille? dans une centaine de millions?

5. Combien faut-il placer de zéros à la droite du chiffre 5 pour qu'il représente des centaines? des dizaines? des centaines de mille? des dizaines de mille? des unités de million? des centaines de millions? des dizaines de millions?

6. Combien y a-t-il de centaines? de mille? de dizaines de mille? de centaines de mille? de millions? dans les nombres : 375 423 — 38 452 — 549 327 — 2 524 875 — 36 329 756.

EXERCICES ÉCRITS

1. Écrire en chiffres les nombres suivants :

Neuf mille quatre cents unités ;

Sept millions huit mille deux cent cinquante-quatre unités ;

Cent cinquante-deux mille huit cent soixante-quinze unités ;

Dix-sept millions vingt-trois mille neuf cent douze unités ;

Six cent trente neuf millions huit cent sept unités ;

Huit cent quarante-quatre millions sept cent cinq mille quarante-six unités ;

Trente-cinq millions six cent quatre-vingt-quatre unités ;

Cinq millions trois cent sept mille six cent vingt unités ;

Quatre cent quatre-vingt-treize millions mille huit cent quatre-vingt-neuf unités.

2. Lire ou écrire en lettres les nombres suivants :

8 324 542;   673 405 089;   740 872 528;   73 624 876;
704 259 326;   30 008 642;   356 478 007;   128 586 327;
72 750 698;   74 633 728;   96 800 632;   7 472 635;
9 632 508;   153 345 607;   107 535 428;   45 703 846;
38 436 184;   7 006 050;   64 609 354;   500 000 000.

3. Décomposer les nombres ci-avant en leurs différents ordres d'unités et par classes.

CALCUL MENTAL

1. Compter par 3 à partir de trois jusqu'à quatre-vingt-dix-neuf.

2. Compter par 3 en rétrogradant, à partir de quatre-vingt-dix neuf jusqu'à trois.

3. Compter par 2 et par 3, sans dépasser 100, à partir de 1, 2, 3, 4, 5 et 6.

4. Compter par 4 jusqu'à soixante à partir de 4 : 4, 8, 12, etc.

5. Compter par 4 en rétrogradant, à partir de soixante jusqu'à 4 : 60, 56, 52, etc.

6. Un jeune homme achète une montre de 45 francs et une chaîne de 12 francs. Combien doit-il payer ?

7. J'ai dépensé 88 francs pour du vin rouge et du vin blanc. Il y a pour 65 francs de vin rouge. Combien coûte le vin blanc ?

8. Une école comprend deux classes. Il y a 25 élèves dans la première et 46 dans la seconde. Combien y a-t-il d'élèves en tout à cette école ?

9. Un ouvrier gagne 4 francs par jour, sa femme gagne 3 francs et son fils 2 francs. Combien gagnent-ils ensemble par jour ? en 6 jours ? en 10 jours ?

10. Un enfant part en commission avec une pièce de un franc : il achète 8 sous de sucre et 5 sous de café. Combien doit-il en tout ? Combien doit-il rapporter à sa mère ? Combien lui a-t-on rendu en moins s'il ne rapporte que 4 sous ?

11. Un marchand a vendu pour 72 francs une marchandise

qu'il avait achetée 64 francs. Quel est son bénéfice? Combien aurait-il dû vendre cette marchandise s'il avait voulu gagner 8 francs de plus?

12. J'ai dans mon bureau 4 paquets de crayons de 10 crayons chacun et encore 5 autres crayons. Combien ai-je de crayons en tout? Combien m'en resterait-il si j'en vendais 4?

13. Une main de papier coûtant 7 sous, combien coûteront 2 mains? 4 mains? 6 mains?

CHAPITRE II

Numération des nombres décimaux.

30. FRACTIONS. — Supposons qu'on veuille partager une poire entre trois enfants. On coupe la

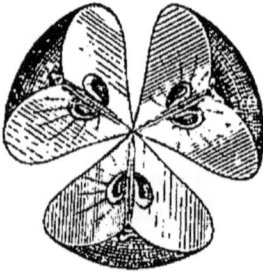

Fig. 3.

Fig. 4.

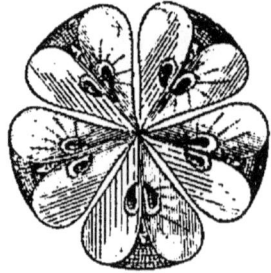

Fig. 5.

poire en trois parts bien égales (fig. 3). Chaque enfant aura le *tiers* de la poire (fig. 4).

Si la poire était partagée en cinq, six parties égales, chaque part serait le *cinquième*, le *sixième* de la poire.

Fig. 6

Partageons une poire en cinq parties égales (fig. 5) et prenons-en deux (fig 6). Nous avons *deux cinquièmes* de la poire ou une *fraction* de la poire.

2.

Si nous prenions trois morceaux, nous aurions *trois cinquièmes* de la poire, c'est-à-dire une autre *fraction* de la poire.

Définition. — On appelle donc **fraction** une ou plusieurs parties de l'unité qui a été divisée en parties égales.

31. NOMBRE FRACTIONNAIRE. — Un nombre fractionnaire est un nombre ordinaire ou entier suivi d'une fraction.

Ex. : huit poires deux cinquièmes.

32. PARTIES DÉCIMALES DE L'UNITÉ. — Partageons une poire en dix parties égales ; chaque morceau sera un *dixième* de la poire (fig. 7).

Partageons chaque dixième en dix parties ; chaque dixième renferme une dizaine de ces parties ; la poire tout entière en contient dix dizaines ou une centaine ou cent. Chacune des nouvelles parties s'appelle pour cette raison un *centième*.

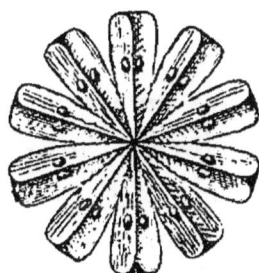
Fig. 7.

De même chaque centième divisé en dix parties donne des *millièmes*, etc.

Les dixièmes, les centièmes, les millièmes, les dix-millièmes, etc., sont appelés *parties décimales de l'unité.*

L'unité est la poire, dans l'exemple choisi.

33. FRACTIONS DÉCIMALES. — Si nous prenons trois morceaux de la poire divisée en dix parties, nous avons *trois dixièmes* de la poire.

Trois dixièmes est une *fraction décimale.*

Une fraction décimale est une ou plusieurs par-

ties de l'unité qui a été divisée en dix, cent, mille parties égales.

Ex. : trois centièmes, quarante-cinq millièmes.

34. NOMBRES DÉCIMAUX. — Un nombre décimal est un nombre entier accompagné d'une fraction décimale.

Prenons quatre poires et six dixièmes de poire. Comment représenterons-nous ce nombre ? Les dixièmes sont dix fois plus petits que les unités ; donc, d'après le principe de la numération écrite, le chiffre des dixièmes s'écrira à la droite du chiffre des unités. Et pour séparer les unités des parties décimales de l'unité, on met une virgule après le chiffre des unités. Notre nombre s'écrira donc :

$$4, 6$$

4, 6 est un nombre décimal.

Remarque. — Le chiffre des centièmes se placerait à droite du chiffre des dixièmes, celui des millièmes à droite de celui des centièmes, etc.

35. RÈGLE *pour écrire un nombre décimal.* **— On écrit d'abord la partie entière comme si elle était seule et on place une virgule à sa droite ; puis on écrit la partie décimale, de manière que le chiffre des dixièmes soit le premier à droite de la virgule, le chiffre des centièmes le second à droite de la virgule, etc. On remplace par des zéros les parties décimales qui pourraient manquer.**

Ex. : trois unités vingt-quatre centièmes s'écrivent : 3, 24.

Cinquante-trois unités vingt-cinq millièmes s'écrivent : 53,025.

36. RÈGLE *pour lire un nombre décimal.* **— On lit la partie entière comme si elle était seule ; puis on lit la partie décimale comme si c'était un nombre**

entier, mais on y ajoute le nom de la partie décimale
de l'unité que représente le dernier chiffre à droite.

Ex. : 356,027 se lisent : trois cent cinquante-six
unités vingt-sept millièmes.

23,6 253 se lisent : vingt-trois unités six mille
deux cent cinquante-trois dix-millièmes.

PRINCIPE

37. — **On rend un nombre décimal dix, cent, mille
fois plus grand en avançant la virgule d'un, de deux
ou de trois rangs vers la droite.**

Soit le nombre 25,732. Avançons la virgule de
deux rangs vers la droite; nous obtenons le nombre
2 573,2.

Je dis que ce nombre est cent fois plus grand
que le nombre 25,732.

En effet, le nombre 25 unités 732 millièmes ou
25 732 millièmes est devenu 2 573 unités 2 dixièmes
ou 25 732 dixièmes; il représente ainsi autant de
dixièmes qu'il y avait de millièmes; mais les dixièmes
sont cent fois plus grands que les millièmes. Donc
le nombre est bien devenu cent fois plus grand.

38. — On démontrerait de même que : **On rend
un nombre décimal dix, cent, mille fois plus petit en
reculant la virgule de un, deux, trois rangs vers la
gauche.**

Ainsi 2, 3 561 est mille fois plus petit que 2 356, 1.

39. — Rappelons et complétons la règle du n° 26.

**Pour rendre un nombre entier dix, cent, mille fois
plus grand ou plus petit, on ajoute ou on retranche
un, deux, trois zéros sur sa droite. S'il n'y a pas de
zéro sur sa droite on le rend dix, cent, mille fois**

plus petit en mettant une virgule avant le premier, le second, le troisième chiffre à partir de la droite.

Ex. : 3 000 est mille fois plus grand que 3.
35 est cent fois plus petit que 3 500.
3,54 est cent fois plus petit que 354.

EXERCICES

SUR LA NUMÉRATION DÉCIMALE

EXERCICES ORAUX

1. Décomposer les fractions décimales suivantes d'après l'exemple : (0, 3 245 se compose de 0 unité, 3 dixièmes, 2 centièmes, 4 millièmes, 5 dix-millièmes).

0,9; 0,25; 0,325; 0,075; 0,806; 0,762; 0,50; 0,348; 0,639; 0,007; 0,945; 0,648; 0,340; 0,975; 0,0 072; 0,7 835; 0,694; 0,702.

2. Décomposer les nombres décimaux suivants d'après le modèle : (25,075 se compose de : 2 dizaines, 5 unités, 0 dixième, 7 centièmes, 5 millièmes).

562,07; 3,735; 532,6 835; 632,845; 62,008; 108,42; 75, 747; 48,636; 428,69; 75,95; 124,86; 703,807.

3. Combien faut-il de chiffres décimaux pour représenter les dixièmes, les millièmes, les dix-millièmes, les cent-millièmes?

4. Que représente, après la virgule, le 3e, le 2e, le 5e, le 4e chiffres?

EXERCICES ÉCRITS

1. Écrire en chiffres les fractions décimales suivantes :
Sept dixièmes; quarante-cinq centièmes; sept cent trente-huit millièmes; mille cinq cent trente-quatre dix-millièmes; quatre-vingt-deux millièmes; sept centièmes; neuf dixièmes;

quatre-vingt-dix-huit centièmes; six cent deux millièmes; cinquante centièmes; quarante-neuf millièmes.

2. Lire ou écrire en lettres les fractions décimales suivantes :

0,25;   0,748;   0,2;   0,6 935;   0,074;   0,8;   0,804;   0,70; 0,06;   0,692;   0,124;   0,1;   0,009;   0,075;   0,7 342.

3. Écrire en chiffres les nombres décimaux suivants :

Trois unités, sept dixièmes; cent quarante-deux unités, cinq cent soixante-huit millièmes; trente-quatre unités, cinquante-deux centièmes; dix-huit unités, cent vingt-cinq dix-millièmes; trois cent cinquante-sept unités, huit centièmes; cinq cent quarante unités, neuf dixièmes; quarante-six unités, cinq millièmes; cent trente-deux unités, six cent quarante-sept cent-millièmes.

4. Lire ou écrire en lettres les nombres décimaux suivants :

58,4;   35,27;   6,935;   348,27 632;   132,48;   609,045; 76,6;   39,070;   74,60;   635,205;   54,008;   15,7 834; 425,008;   76,052.

Rendre un nombre entier ou décimal 10, 100, 1 000 fois plus grand, ou 10, 100, 1 000 fois plus petit.

1. Rendre 10 fois plus grands les nombres suivants, et lire les résultats obtenus :

84;   359;   6 475;   24 375;   248 759;   72 850. ·

2. Rendre 100 fois plus grands les nombres suivants :

9;   25;   355;   6 348;   10 425;   24 972;   840.

3. Rendre 100 fois plus grands les nombres suivants :

438;   8;   39;   8 758;   25 375;   700;   7 835.

4. Rendre 10 fois plus petits les nombres suivants :

548;   98;   7;   7 986;   34 654;   128 345.

5. Rendre 100 fois plus petits les nombres suivants :

348;   7 850;   75;   8;   15 659;   225 375.

6. Rendre 1 000 fois plus petits les nombres suivants :

659;   92;   8;   3 879;   8 540;   12 659;   24 853.

7. Rendre le nombre 875 : 1° 1 000 fois plus grand; 2° 1 000 fois plus petit.

8. Rendre 10 fois plus grands les nombres suivants et lire les résultats obtenus :

0,35; 0,05; 8,45; 25,03; 258,375; 4 132,5.

9. Rendre 100 fois plus grands les nombres suivants et lire les résultats obtenus :

0,028; 0,75; 25,033; 256,375; 1 850,07; 649,2.

10. Rendre 1 000 fois plus grands les nombres suivants et lire les résultats obtenus :

0,03; 0,8 075; 5,875; 15,7 825; 7,75; 128,6.

11. Rendre 10 fois plus petits les nombres suivants et lire les résultats obtenus :

0,35; 0,025; 3,58; 25,375; 258,29; 6,4 832.

12. Rendre 100 fois plus petits les nombres suivants et lire les résultats obtenus :

65,835; 0,848; 0,0 084; 728,45; 7,8 385; 124,8.

13. Rendre 1 000 fois plus petits les nombres suivants et lire les résultats obtenus :

7,85; 732,912; 0,75; 0,838; 129,74; 56,835.

14. Rendre le nombre 48,45 : 1° 10 fois plus grand; 2° 1 000 fois plus grand; 3° 100 fois plus petit; 4° 10 fois plus petit.

CALCUL MENTAL

1. Compter par quatre, à partir de soixante jusqu'à cent.

2. Compter par quatre, en rétrogradant depuis cent jusqu'à soixante.

3. Compter par six, à partir de six jusqu'à soixante.

4. Compter par six, en rétrogradant, à partir de soixante jusqu'à six.

5. Un enfant dépense tous les jours un sou pour son goûter. Quelle somme dépense-t-il ainsi dans une semaine? dans un mois? dans 3 semaines? dans 5 semaines? dans 8 semaines.

6. Une fermière a vendu au marché 5 poulets à 3 francs l'un; 4 pigeons à 1 franc le pigeon et 3 canards à 2 francs le canard. Quelle somme totale a-t-elle dû recevoir?

7. Une laitière achète 4 litres de lait dans une maison,

6 litres dans une autre, 7 litres dans une troisième et 9 litres dans une quatrième. Combien a-t-elle acheté de litres de lait en tout? Combien lui en reste-t-il après en avoir vendu 20 litres.

8. Un marchand de cochons de lait en avait 18 dans sa voiture en entrant dans un village. S'il en vend 5 et qu'il en rachète 8, combien en aura-t-il?

9. L'église de Saint-Germain-des-Prés à Paris a 56 mètres de longueur, et celle de Saint-Germain-l'Auxerrois a 13 mètres de plus. Quelle est la longueur de cette dernière?

10. Une école de 66 élèves se compose de 3 classes; la première a 16 élèves; la deuxième 20 élèves. Combien y a-t-il d'élèves dans la troisième classe?

CHAPITRE III

Addition.

ADDITION DES NOMBRES ENTIERS

40. PROBLÈME. — Louis a 4 billes, son père lui en donne 3. Combien Louis a-t-il de billes?

Louis veut compter ses billes; il prend une à une celles que son père lui a données et il les met avec les siennes. Il dit : 4 billes et 1 bille font 5 billes; 5 billes et 1 bille font 6 billes; 6 billes et 1 bille font 7 billes.

Cette opération s'appelle une addition.

41. *Définition.* — **L'addition** est une opération qui a pour but de réunir en un seul nombre plusieurs nombres de la même espèce. Le résultat s'appelle **somme ou total**.

Pour indiquer qu'on doit additionner plusieurs nombres, on les écrit sur une même ligne horizontale en les séparant par ce signe $+$, qui s'énonce *plus*. L'addition précédente s'écrit :

$$4 + 3$$

et on a : $$4 + 3 = 7$$

ce qui s'énonce : quatre plus trois égale sept.

Lorsqu'on exprime ainsi que deux quantités sont égales, on écrit une *égalité*. Ce qui se trouve à gauche du signe $=$ s'appelle le 1er *membre* de l'égalité; ce qui se trouve à droite s'appelle le 2e *membre* de l'égalité.

Dans l'égalité ci-dessus, $4 + 3$ est le 1er membre, 7 est le 2e membre.

On distingue 3 cas dans l'addition des nombres entiers.

42. 1er *cas.* — **Addition de nombres d'un seul chiffre**.

4
3
—
7

Soit à additionner 4 et 3. Nous avons vu plus haut comment on procédait pour faire cette addition. On doit s'habituer rapidement à faire de tête ce genre d'addition. Il faut pour cela savoir sa table d'addition.

43. 2e *cas.* — **Addition de nombres ayant plusieurs chiffres, sans retenue**.

Ex. : Un homme a reçu trois sommes d'argent : la 1re vaut 425 francs; la 2e, 232 francs, la 3e, 41 francs. Combien a-t-il en tout ?

Il faut additionner les nombres 425 francs, 232 francs et 41 francs (41).

Le total doit comprendre la somme des unités de chaque nombre, qui sont ici des francs, la somme

TABLE D'ADDITION

1 + 1 = 2	2 + 1 = 3	3 + 1 = 4	4 + 1 = 5	5 + 1 = 6
1 + 2 = 3	2 + 2 = 4	3 + 2 = 5	4 + 2 = 6	5 + 2 = 7
1 + 3 = 4	2 + 3 = 5	3 + 3 = 6	4 + 3 = 7	5 + 3 = 8
1 + 4 = 5	2 + 4 = 6	3 + 4 = 7	4 + 4 = 8	5 + 4 = 9
1 + 5 = 6	2 + 5 = 7	3 + 5 = 8	4 + 5 = 9	5 + 5 = 10
1 + 6 = 7	2 + 6 = 8	3 + 6 = 9	4 + 6 = 10	5 + 6 = 11
1 + 7 = 8	2 + 7 = 9	3 + 7 = 10	4 + 7 = 11	5 + 7 = 12
1 + 8 = 9	2 + 8 = 10	3 + 8 = 11	4 + 8 = 12	5 + 8 = 13
1 + 9 = 10	2 + 9 = 11	3 + 9 = 12	4 + 9 = 13	5 + 9 = 14
1 + 10 = 11	2 + 10 = 12	3 + 10 = 13	4 + 10 = 14	5 + 10 = 15
6 + 1 = 7	7 + 1 = 8	8 + 1 = 9	9 + 1 = 10	10 + 1 = 11
6 + 2 = 8	7 + 2 = 9	8 + 2 = 10	9 + 2 = 11	10 + 2 = 12
6 + 3 = 9	7 + 3 = 10	8 + 3 = 11	9 + 3 = 12	10 + 3 = 13
6 + 4 = 10	7 + 4 = 11	8 + 4 = 12	9 + 4 = 13	10 + 4 = 14
6 + 5 = 11	7 + 5 = 12	8 + 5 = 13	9 + 5 = 14	10 + 5 = 15
6 + 6 = 12	7 + 6 = 13	8 + 6 = 14	9 + 6 = 15	10 + 6 = 16
6 + 7 = 13	7 + 7 = 14	8 + 7 = 15	9 + 7 = 16	10 + 7 = 17
6 + 8 = 14	7 + 8 = 15	8 + 8 = 16	9 + 8 = 17	10 + 8 = 18
6 + 9 = 15	7 + 9 = 16	8 + 9 = 17	9 + 9 = 18	10 + 9 = 19
6 + 10 = 16	7 + 10 = 17	8 + 10 = 18	9 + 10 = 19	10 + 10 = 20

des dizaines et la somme des centaines. Pour avoir

$$
\begin{array}{r}
425 \\
232 \\
41 \\
\hline
698
\end{array}
$$

ce total, nous additionnerons donc les unités de chaque nombre, puis les dizaines, puis les centaines, ce que nous savons faire d'après le 1er cas.

On dispose l'opération comme il est indiqué. Le total cherché est 698.

Donc l'homme a reçu 698 francs.

RÈGLE. — **On écrit les nombres les uns sous les autres, de manière que les unités soient sous les unités, les dizaines sous les dizaines, etc. Sous le**

dernier nombre, on tire un trait horizontal. En commençant par la droite, on fait le total de chaque colonne et on inscrit ce total au-dessous des chiffres qui l'ont formé.

44. *3° cas.* — **Addition de nombres de plusieurs chiffres, avec retenue.**

Ex. : On verse dans une cuve trois barriques de vin qui contiennent : la 1re 275 litres, la 2e 137 litres, la 3e 215 litres. Combien de litres de vin renferme la cuve?

Il faut additionner les nombres 275 litres, 137 litres, 215 litres.

```
  275
  137
  215
 ————
  627
```

Ecrivons ces nombres les uns sous les autres, comme dans le cas précédent et faisons le total de chaque colonne à partir de la droite.

Le total des unités est 17. Dans 17 unités, il y a 7 unités et 1 dizaine. J'écris les 7 unités dans la colonne des unités et j'ajoute la dizaine que j'ai retenue à la colonne suivante, qui exprime des dizaines.

Le total de cette colonne est alors 12 dizaines qui contiennent 2 dizaines et 1 centaine. J'inscris le 2 dans la colonne des dizaines et j'ajoute la centaine de retenue à la colonne suivante dont le total est alors 6.

La somme des trois nombres est 627 et d'après notre raisonnement 627 contient toutes les unités, toutes les dizaines et toutes les centaines des trois nombres.

La cuve contient donc 627 litres.

RÈGLE. — **On place les nombres les uns sous les autres de manière que les unités de même ordre**

soient sur une même colonne verticale. En commençant par la droite, on fait la somme des chiffres contenus dans chaque colonne. Si le total d'une colonne
n'excède pas 9, on l'inscrit tel qu'on le trouve; s'il
surpasse 9, on inscrit seulement les unités et on
retient les dizaines qu'on ajoute à la colonne suivante. On inscrit le total de la dernière colonne à
gauche tel qu'on le trouve.

Remarque. — On ne peut additionner que des
nombres de même espèce, par exemple des francs
avec des francs, des kilogrammes avec des kilogrammes. Mais on ne peut additionner des francs
avec des kilogrammes.

ADDITION DES NOMBRES DÉCIMAUX.

45. **RÈGLE**. — On opère pour les nombres décimaux comme pour les nombres entiers.

On place les nombres les uns au-dessous des
autres de façon que les unités de même ordre soient
dans une même colonne verticale, c'est-à-dire que
les unités soient sous les unités, les dixièmes sous
les dixièmes, etc. On procède comme il a été
dit (44). Seulement au total, on sépare la partie
entière de la partie décimale par une
virgule.

```
  8,62
  5,45
 11,7
 ─────
 25,77
```

Ex. : On vend trois pièces de drap qui
ont les longueurs suivantes : 8 m. 62, 5 m. 45
et 11 m. 7. Combien a-t-on vendu de
mètres et de centimètres de drap?

Il faut additionner les nombres 8 m. 61,
5 m. 45 et 11 m. 7.

L'opération est indiquée ci-contre.

On a donc vendu 25 m. 77 cm. de drap.

46. PREUVE DE L'ADDITION. — On appelle **preuve** d'une opération une seconde opération que l'on fait pour vérifier l'exactitude de là première.

Pour faire la preuve de l'addition, on recommence l'addition, mais en faisant le total de chaque colonne en sens inverse; c'est-à-dire en comptant de bas en haut si la première fois on a compté de haut en bas.

Si le total est le même dans les deux cas, l'opération est très probablement juste.

EXERCICES
SUR L'ADDITION.

EXERCICES ORAUX

1. Faire oralement de haut en bas et de bas en haut les additions suivantes :

3	5	2	9	4	5	6	7	8	5	6	4
4	7	6	8	5	6	3	8	6	9	7	8

2. Combien font :

3 et 4 et 2 ;   7 et 3 et 4 ;   8 et 5 et 7 ;   5 et 7 et 6 ;
5 et 2 et 4 ;   6 et 5 et 2 ;   8 et 3 et 4 ;   9 et 8 et 3 ;
7 et 6 et 7 ;   8 et 4 et 5 ;   3 et 8 et 6 ;   6 et 8 et 9 ?

3. Combien font :

$4 + 7 + 5$; $6 + 9 + 7$; $7 + 2 + 9$; $3 + 6 + 8$;
$3 + 6 + 8$; $5 + 4 + 8$; $4 + 8 + 6$; $5 + 9 + 9$;
$7 + 3 + 9$; $6 + 5 + 4$; $5 + 9 + 2$; $3 + 8 + 8$;

4. Compléter les additions suivantes :

$14 = 6 + .$; $13 = 4 + .$; $18 = 9 + .$; $16 = 7 + .$;
$12 = 5 + .$; $15 = 9 + .$; $10 = 2 + .$; $13 = 6 + .$;
$25 + 4 + 3 = .$; $42 + 6 + 8 = .$; $56 + 8 + 3 = .$; $47 + 9 + 6 = .$;

$37 + 5 + 8 = .$; $39 + 7 + 4 = .$; $29 + 4 + 9 = .$; $63 + 8 + 7 = .$;
$24 + . = 33$; $52 + . = 61$; $36 + . = 44$; $88 + . = 96$;
$71 + . = 75$; $46 + . = 51$; $57 + . = 62$; $79 + . = 88$;

EXERCICES ÉCRITS

1. Effectuer les additions suivantes :

11	34	58	32	43	51	12	13
22	41	30	23	12	16	23	40
33	22	11	31	20	20	44	42

25	19	14	31	16	32	47	35
8	7	8	4	9	7	6	6
9	5	7	3	8	8	5	8
6	4	6	5	9	8	8	4

$35 + 8 + 9 + 9 + 6 + 7 = .$; $63 + 9 + 6 + 7 + 8 + 5 = .$;
$24 + 5 + 7 + 8 + 3 + 6 = .$; $28 + 4 + 9 + 3 + 6 + 2 = .$;
$64 + 4 + 6 + 5 + 9 + 3 = .$; $47 + 7 + 8 + 5 + 4 + 9 = .$;
$48 + 5 + 8 + 4 + 7 + 8 = .$; $82 + 6 + 5 + 2 + 9 + 7 = .$;
$53 + 9 + 6 + 7 + 2 + 4 = .$; $75 + 4 + 3 + 2 + 6 + 8 = .$;
$29 + 7 + 6 + 5 + 3 + 4 = .$; $59 + 6 + 8 + 1 + 9 + 7 = .$;
$2 + 5 + 9 + 4 + 6 + 7 = .$; $7 + 4 + 6 + 8 + 9 = .$;
$4 + 7 + 8 + 5 + 3 + 2 = .$; $5 + 3 + 7 + 5 + 8 = .$;
$9 + 3 + 6 + 4 + 5 + 3 = .$; $9 + 6 + 8 + 3 + 4 = .$;
$5 + 8 + 7 + 2 + 4 + 5 = .$; $8 + 7 + 5 + 6 + 2 = .$;

2. Compléter les additions suivantes :

$. + 9 = 27$; $. + 8 = 42$; $. + 7 = 28$; $. + 6 = 32$;
$. + 9 = 32$; $. + 8 = 35$; $. + 7 = 45$; $. + 6 = 25$;
$. + 9 = 45$; $. + 8 = 28$; $. + 7 = 33$; $. + 6 = 41$;
$. + 9 = 56$; $. + 8 = 36$; $. + 7 = 67$; $. + 7 = 69$;
$. + 9 = 35$; $. + 8 = 67$; $. + 7 = 50$; $. + 6 = 72$;
$. + 9 = 45$; $. + 7 = 54$; $. + 7 = 58$; $. + 9 = 83$;
$. + 8 = 37$; $. + 6 = 62!$; $. + 6 = 62$; $. + 8 = 20$;

3. Effectuer les additions suivantes et faire la preuve de chacune d'elles :

26	53	47	72	53	57	73
7	26	54	66	48	72	68
32	18	38	46	9	48	55

8 243	7 856	12 488	39 782
6 789	8 304	63 275	48 650 .
5 393	6 076	57 886	78 216

:

87,5	48,35	117,835	164,84
3,6	59,75	67,805	27,365
63,5	124,85	48,739	648,5

4. Effectuer les additions suivantes :

674 + 89 + 379 = ; 835 + 7 + 6 835 + 1 970 =;
576 + 4 832 + 76 = ; 17 + 639 + 591 + 4 728 =;
65 + 396 + 18 364 = ; 6 328 + 639 + 7 074 + 54 =;
7 967 + 634 + 72 = ; 887 + 6 076 + 3 245 + 1 428 =.
4,75 + 3,25 + 6,75 + 5,835 + 7,9 + 0,85 =
6,825 + 7,936 + 0,328 + 354,45 + 69,5 =
7,6 932 + 0,67 + 538,928 + 75,5 + 816, 25 =
0,435 + 612,50 + 57,45 + 1 715,35 + 38,725 =
539 + 6,85 + 37,25 + 0,6 934 + 7 816 + 137,5 =
5 225 + 76,94 + 258,5 + 70 + 0,2 854 + 68,645 =
728,55 + 0,0 685 + 1 274 + 755,4 + 69,6 + 12,600 =
147,2 + 6 953 + 37,635 + 0,925 + 542,6 + 9 348 =

CALCUL MENTAL

1. Compter par quatre à partir de soixante jusqu'à cent.

2. Compter par quatre, en rétrogradant, à partir de cent jusqu'à soixante.

3. Compter par six, à partir de soixante jusqu'à cent deux.

4. Compter par six, en rétrogradant, à partir de cent deux jusqu'à six.

5. Compter par quatre, par cinq et par six à partir de 1, 2, 3, 4, 5 et 6, jusqu'à cent.

6. Pour ajouter dix à un nombre, on augmente de un le chiffre des dizaines.

(Ex : 48 et 10 font 58, car 4 dizaines + 1 dizaine font 5 dizaines).

Exercices : 53 + 10 ; 48 + 10 ; 124 + 10 ; 9 + 10; 72 + 10 ; 59 + 10 ; 435 + 10 ; 568 + 10 ; 158 + 10 ; 96 + 10 ; 152 + 10.

7. Pour ajouter 9 à un nombre, il suffit d'augmenter de 1 le chiffre des dizaines et de diminuer de 1 le chiffre des unités.

(Ex. : $47 + 9 = 56$; car $4 + 1 = 5$ dizaines et $7 - 1 = 6$ unités.)

Exercices : $52 + 9$; $47 + 9$; $63 + 9$; $35 + 9$; $76 + 9$; $154 + 9$; $148 + 9$; $528 + 9$; $540 + 9$; $631 + 9$.

8. Pour compter par 11, on ajoute d'abord dix et ensuite un.

(Ex. : $36 + 11 = 36 + 10 + 1 = 46 + 1 = 47$.)

Exercices : $53 + 11$; $144 + 11$; $352 + 11$; $37 + 11$; $49 + 11$; $27 + 11$; $948 + 11$; $363 + 11$; $58 + 11$; $673 + 11$; $468 + 11$.

9. Pour compter par 12, on ajoute dix et puis deux.

(Ex. : $29 + 12 = 29 + 10 + 2 = 39 + 2 = 41$).

Ex. : $83 + 12$; $57 + 12$; $79 + 12$; $158 + 12$; $630 + 12$; $724 + 12$; $528 + 12$; $667 + 12$; $758 + 12$; $987 + 12$.

10. Paul avait 16 billes : il en a gagné 7 à Henri et 8 à Jules. Combien a-t-il de billes maintenant?

11. Dans un jardin, il y a 10 pommiers, 8 poiriers, 7 pruniers et 9 abricotiers. Combien y-a-t-il d'arbres dans ce jardin?

12. Un petit marchand a gagné 8 francs la première semaine du mois, 7 francs la deuxième, 6 francs la troisième et 9 francs la quatrième. Combien a-t-il gagné pendant le mois?

13. Dans un wagon de chemin de fer, il y a 9 voyageurs au premier compartiment, 10 au deuxième, 7 au troisième et 4 au quatrième. Combien de voyageurs dans ce wagon?

14. J'ai acheté un pantalon pour 25 francs, un veston pour 30 francs et un gilet pour 10 francs. Combien ai-je dépensé en tout?

15. Trois frères ont gagné dans une semaine : le premier 32 francs, le deuxième 25 francs et le troisième 20 francs. Combien ont-ils gagné ensemble dans cette semaine?

16. Une famille a dépensé pour 25 francs de pain, pour 8 francs de légumes, pour 9 francs de vin et pour 40 francs de viande. Quelle est la dépense totale?

3.

17. Dans un omnibus, il y a 24 places à l'intérieur, 12 à l'impériale et 10 sur la plate-forme. Combien cet omnibus peut-il contenir de voyageurs?

18. Pendant le mois de juin, Lucien a mérité 12 bons points la 1re semaine, 8 dans la deuxième, 11 dans la troisième et 10 dans la quatrième. Combien cela lui fait-il de bons points pour tout le mois?

19. Quatre chasseurs ont tué ensemble dans une journée : 6 lièvres, 35 lapins, 14 perdrix, 7 cailles et 10 alouettes. Combien ont-ils tué de pièces de gibier en tout?

20. Un cultivateur a récolté 17 hectolitres de pommes de terre dans un champ, 12 hectolitres dans un autre et 8 dans un troisième. Combien a-t-il récolté d'hectolitres de pommes de terre dans ces champs?

PROBLÈMES ÉCRITS

SUR L'ADDITION

1. Il y a 3 classes dans une école. La 1re contient 25 élèves; le 2e 37 élèves et la 3e 48 élèves. Quel est le nombre total des élèves de l'école?

2. Jules a gagné dans un mois 54 bons points, Léon 46 bons points et Paul 37 bons points. Combien en ont-ils à eux trois?

3. Combien y a-t-il de jours du 1er janvier au 14 juillet de la même année?

4. Une charrette est chargée de 3 caisses : la 1re pèse 75 kilogrammes, la 2e 68 kilogrammes et la 3e 36 kilogrammes. Quel est le chargement total de cette voiture?

5. Une certaine somme a été partagée entre 3 personnes : la 1re a eu 842 francs; la 2e 635 francs et la 3e 520 francs. Quelle était cette somme?

6. Quelle est la contenance totale de 4 tonneaux dont le 1er contient 228 litres, le 2e 250 litres, le 3e 175 litres et le 4e 82 litres?

7. Louis XIV est né en 1638 et il est mort à l'âge de 77 ans. En quelle année est-il mort ?

8. Le Mont-Blanc a 4 810 mètres de hauteur ; le mont Gaurisankar, en Asie, a 4 030 mètres de plus. Quelle est la hauteur de ce dernier ?

9. Une personne achète une maison pour 16 835 francs ; combien doit-elle la revendre pour gagner 3 165 francs ?

10. Quelle somme faut-il payer à 4 ouvriers qui ont gagné : le 1er 139 francs ; le 2e 108 francs ; le 3e 94 francs et le 4e 76 francs.

11. Dans mon verger, j'ai récolté 248 pommes, 172 poires, 325 abricots, 268 prunes et 90 pêches. Combien ai-je récolté de fruits en tout ?

12. Quatre pièces de velours contiennent : la 1re 35 mètres ; la 2e 58 mètres ; la 3e 48 mètres et la 4e 27 mètres. Combien contiennent-elles ensemble ?

13. Victor Hugo est né en 1802, et il est mort à 83 ans. En quelle année est mort ce grand homme ?

14. Dans un train de chemin de fer, il y a 38 voyageurs de 1e classe, 44 de seconde classe et 137 de 3e classe. Combien y a-t-il de voyageurs en tout dans ce train ?

15. J'achète une maison pour 17 600 francs et je paie 2 425 francs pour les frais. Ayant fait faire pour 4 854 francs de réparations, je veux la revendre en gagnant 5 000 francs. Combien dois-je la revendre ?

16. Je dois 58 francs au boucher ; 25 francs au boulanger ; 338 francs au maçon ; 47 francs au menuisier et 110 francs au marchand de vins. Quelle est ma dette totale ?

17. J'ai acheté une pièce de vin pour 125 francs. J'ai payé en outre 13 francs de droits à la régie et 4 fr. 75 de transport. Combien ai-je dépensé en tout ?

18. Dans une bibliothèque, il y a 5 rangées de livres, dont : 33 livres dans la 1re ; 46 dans la 2e ; 37 dans la 3e ; 28 dans la 4e et 19 dans la 5e. Quel est le nombre total des livres de cette bibliothèque ?

19. Trois routes placées à la suite l'une de l'autre ont : la 1re 7 845 mètres ; la 2e 6 078 mètres et la 3e 3 924 mètres. Quel est le chemin parcouru par un homme qui a fait le trajet d'aller et retour sur ces trois routes ?

20. Deux tonneaux contiennent : le 1er 235 litres et le 2e 18 litres de plus que le 1er. Quelle est la contenance du 2e tonneau? Quelle est leur contenance totale?

21. Un vase vide pèse 375 grammes. Quel sera son poids si on y verse 7 325 grammes d'huile?

22. Deux frères possèdent : l'un 39 billes et l'autre 17 billes de plus. Combien possèdent-ils de billes à eux deux?

23. Une cuisinière allant au marché a acheté pour 0 fr. 85 de légumes, 2 fr. 40 de beurre et un poulet de 3 fr. 75. Quelle somme a-t-elle dépensé en tout?

24. Un berger avait 245 moutons valant 8 810 francs et il en a acheté encore 68 pour 2 635 francs. Combien a-t-il de moutons en tout et quelle est leur valeur totale?

25. Un cultivateur a vendu 125 sacs de blé pour 3 248 francs et 94 sacs d'avoine pour 1 847 francs. Combien de sacs a-t-il vendus en tout et pour quelle somme?

26. Je possède une maison habitée par 3 locataires : le 1er me paye annuellement 325 francs; le 2e 45 francs de plus que le 1er et le 3e 35 francs de plus que le 2e. Quel est le loyer du 2e locataire? du 3e? Combien me rapporte annuellement cette maison?

27. Un épicier m'a fourni cette semaine pour 1 fr. 25 de sucre, 1 fr. 70 de chocolat, 2 fr. 50 de café, 0 fr. 80 d'huile, 0 fr. 35 de vinaigre et 0 fr. 20 de sel. Combien lui dois-je en tout?

28. Je dois à mon marchand de vin les sommes suivantes : 58 francs pour le vin; 7 fr. 85 pour le cognac; 6 fr. 50 pour les liqueurs et 36 francs pour le cidre. Combien lui dois-je en tout?

29. Un marchand de nouveautés reçoit 3 pièces de toile : la 1re mesure 52 m. 40; la 2e 3 m. 75 de plus que la 1re; la 3e 6 mètres de plus que la 2e. Trouver la longueur de la 2e pièce, de la 3e; la longueur totale des 3 pièces.

30. On a retiré d'une pièce d'étoffe : une 1re fois 8 m. 45; une 2e fois 6 mètres; une 3e fois 12 m. 50 et une 4e fois 5 mètres. Il reste encore 3 m. 05 dans cette pièce. Combien contenait-elle de mètres?

31. L'ancienne province de l'Ile-de-France a formé 5 départements :

1° Le département de la Seine   compte 3 141 595 hab.
2° Le   —   de Seine-et-Oise   —   618 089 —
3° Le   —   de l'Aisne   —   556 890 —
4° Le   —   de l'Oise   —   403 146 —
5° Le   —   de Seine-et-Marne   —   355 136 —

Quelle est la population totale de ces cinq départements ?

32. Un mât est peint en 3 couleurs : 3 m. 25 en bleu, 2 m. 80 en blanc et 3 m. 20 en rouge. La partie qui doit être enfoncée dans le sol et qui mesure 0 m. 75 n'est pas peinte. Quelle est la hauteur totale de ce mât ?

33. Un ouvrier a fait en 7 jours 34 mètres d'ouvrage et il a reçu 101 fr. 25 ; en 8 jours 46 mètres et il a reçu 134 francs ; en 5 jours 23 m. 50 et il a reçu 78 fr. 50. Trouver : le nombre total de jours de travail, de mètres d'ouvrage faits et la somme totale reçue.

34. Trois tonneaux de vin contiennent : le 1er 184 litres ; le 2e 16 litres de plus que le 1er et le 3e 25 litres de plus que les deux premiers réunis. Quelle est la contenance totale de ces trois tonneaux ?

35. La Garonne mesure 605 kilomètres de longueur. La Seine compte 171 kilomètres de plus que la première. Le Rhône a 36 kilomètres de plus que la Seine, et la Loire a 375 kilomètres de plus que la Garonne. Quelle est la longueur de chacun de ces fleuves ? Quelle longueur obtiendrait-on, si, par la pensée, on les faisait couler bout à bout ?

36. Compléter la facture suivante :

5 kg. café grillé............................. 22 fr. 75
3 — sucre mécanique........................ 6 fr. »
4 — chocolat............................... 9 fr. 60
6 — paquets de bougie de 12 au kilogramme.. 10 fr. 80
7 — pots de confitures de groseilles......... 18 fr. 20
4 lit. vinaigre d'Orléans..................... 2 fr. »

                                    Total.....

37. Un petit colporteur a fait dans une semaine les recettes suivantes : le lundi, 2 fr. 85 ; le mardi 0 fr. 20 de plus que le lundi ; le mercredi 1 fr. 35 de plus que le mardi ; le jeudi

0 fr. 50 de plus que le lundi ; le vendredi 1 franc de plus que le mercredi ; le samedi 0 fr. 10 de plus que le jeudi, et le dimanche 3 francs de plus que le mardi. Quelle est sa recette pour chaque jour de la semaine ? pour la semaine entière ?

38. Quel est le total de 7 nombres dont le plus petit est 7 435 et dont les autres croissent successivement de 2 435 sur celui qui précède ?

39. Mon père avait 27 ans quand je suis né ; ma mère avait 25 ans. Sachant que je suis âgé de 9 ans, trouver l'âge de mon père et celui de ma mère. Quel âge avons-nous à nous trois ?

40. Compte d'un marchand de vins. — Acheté :

11 pièc. vin rouge, coût. 988 fr. d'achat,	112 fr. de frais ; tot.	»
7 — blanc, — 676 fr. —	63 fr. 60 — ; —	»
145 litres, cognac, — 225 fr. —	108 fr. — ; —	»
Totaux... »	... »	... »

CHAPITRE IV

Soustraction.

47. PROBLÈME. — **Un bûcheron doit abattre 8 arbres; il en a abattu 3; combien lui en reste-t-il à abattre?**

Il y avait 8 arbres; le bûcheron en a d'abord abattu un. Il reste donc 7 arbres debout. Le bûcheron en abat encore un; il en reste 6; enfin, après que le troisième arbre est abattu, il n'en reste que 5 debout.

Donc 8 arbres moins 3 arbres font 5 arbres.

L'opération que nous venons de faire s'appelle une *soustraction*.

48. *Définition.* — **La soustraction est une opération qui a pour but de retrancher un nombre d'un autre nombre de la même espèce. Le résultat se nomme reste, excès ou différence.**

Pour indiquer qu'on doit retrancher un nombre

d'un autre, on l'écrit à la suite de cet autre en le faisant précéder de ce signe — qui s'énonce *moins*.

La soustraction précédente s'écrit :

$$8 - 3$$

et s'énonce huit moins trois.

Lorsqu'on connaît bien sa table d'addition, il est très facile de retrancher un nombre d'un seul chiffre d'un autre nombre d'un seul chiffre. Il suffit de trouver le nombre qui, ajouté au plus petit des deux précédents, donne le plus grand.

Nous distinguerons deux cas dans la soustraction.

49. 1ᵉʳ *cas.* — **Soustraction de deux nombres entiers, sans retenue.**

Ex. : Une personne avait 685 francs; elle a payé 432 francs qu'elle devait. Combien lui reste-t-il?

685
432
———
253

Il faut retrancher 432 francs de 685 francs. Je retranche les unités, les dizaines, les centaines de 432, des unités, des dizaines, des centaines de 685. Je sais faire chacune de ces soustractions partielles.

Je dispose l'opération comme il est indiqué. Je dis 2 ôté de 5 il reste 3. J'écris 3 au-dessous dans la colonne des unités; 3 ôté de 8, il reste 5. J'écris 5 dans la colonne des dizaines. Enfin 4 ôté de 6, il reste 2 que j'inscris dans la colonne des centaines.

Le reste cherché est 253.

Il reste donc à la personne 253 francs.

RÈGLE. — **Pour retrancher un nombre entier d'un autre nombre entier, on écrit le plus petit sous le plus grand, de manière que les unités soient sous les unités, les dizaines sous les dizaines, etc. On tire un trait horizontal sous le plus petit nombre, et on**

soustrait chaque chiffre inférieur du chiffre supérieur correspondant, en commençant par la droite. On écrit le résultat au-dessous.

50. *Principe.* — **Une différence ne change pas lorsqu'on ajoute un même nombre à ses deux termes.**

Ex. : Jules possède 6 billes et Paul 4. Donc Jules en a 2 de plus que Paul. Ce qui s'exprime :

$$6 - 4 = 2.$$

Je leur en donne 3 à chacun.

Jules a maintenant $6 + 3$ ou 9 billes ;

et Paul. . . . . . $4 + 3$ ou 7 billes.

Dans ce cas, Jules a encore 2 billes de plus que Paul.

Donc la différence n'a pas changé, et l'on peut écrire :

$$6 - 4 = (6 + 3) - (4 + 3) \text{ ou } 9 - 7.$$

ce qui justifie le principe.

51. 2° *cas.* — **Soustraction de deux nombres de plusieurs chiffres, avec retenue.**

Ex. : Un commerçant a 3 654 kilogr. de blé en magasin ; il en vend 1 382 kilogr. Combien lui en reste-t-il ?

Il faut retrancher 1 382 kilogr. de 3 654 kilogr.

Je dispose l'opération comme précédemment (49).

```
   15
 3654
   4
 1382
 ─────
 2272
```

2 ôté de 4, il reste 2. Je ne puis retrancher 8 de 5. J'ajoute 10 au chiffre 5, ce qui revient à augmenter le nombre supérieur de 10 dizaines ou une centaine ; mais pour que la différence des nombres 3 654 et 1 382 ne change pas (50), j'ajoute une centaine au nombre inférieur en augmentant le chiffre 3 de une unité. Je

puis alors effectuer l'opération. 8 ôté de 15, il reste 7; 4 ôté de 6 il reste 2; 1 ôté de 3, il reste 2.

Le reste est 2 272.

Le commerçant a donc encore 2 272 kilogr. de blé.

RÈGLE. — **On procède comme dans le premier cas. Si un chiffre du nombre inférieur surpasse le chiffre supérieur correspondant, on ajoute 10 au chiffre supérieur et on augmente de 1 le chiffre inférieur suivant.**

REMARQUE. — On ne peut retrancher que des nombres de même espèce.

SOUSTRACTION DES NOMBRES DÉCIMAUX

52. RÈGLE. — **La soustraction des nombres décimaux se fait comme celle des nombres entiers. On place au résultat une virgule pour séparer la partie entière de la partie décimale.**

Ex. : Une mercière a acheté de la laine pour 29 francs 55 et l'a revendue 37 francs 48. Quel a été son bénéfice?

Le bénéfice s'obtient en retranchant le prix d'achat du prix de vente. Il faut donc

37, 48
29, 55
———
07, 93

retrancher 29 fr. 55 de 37 fr. 48. L'opération est indiquée ci-contre. Le bénéfice a été de 7 francs 93 centimes.

53. PREUVE DE LA SOUSTRACTION. — Dans une soustraction, le plus grand nombre est égal au plus petit plus le reste, d'après la définition.

Donc, pour faire la preuve d'une soustraction, on additionne le plus petit nombre et le reste. On doit retrouver le plus grand nombre.

EXERCICES

SUR LA SOUSTRACTION.

EXERCICES ORAUX.

1. Répondre aux questions suivantes :

```
1  de 13? de 10? de 11? de 14? de 17? de 15? de 18? de 19?
2  —  12? —  18? —  16? —  14? —  13? — 12? —  17? —  11?
3  —  14? —  17? —  15? —  16? —  12? —  19? —  10? —  18?
4  —  16? —  15? —  13? —  10? —  11? —  17? —  19? —  14?
5  —  18? —  12? —  17? —  15? —  15? —  13? —  11? —  16?
6  —  17? —  14? —  10? —  18? —  16? —  12? —  15? —  13?
7  —  15? —  16? —  11? —  12? —  17? —  18? —  14? —  10?
8  —  10? —  12? —  17? —  19? —  18? —  15? —  16? —  13?
9  —  14? —  17? —  12? —  16? —  19? —  15? —  13? —  15?
10 —  17? —  15? —  12? —  18? —  14? —  19? —  14? —  16?
```

2. Trouver les restes des soustractions suivantes :

```
28 — 4;   49 — 8;   28 — 25;   39 — 33;
39 — 7;   27 — 6;   56 — 52;   50 — 41;
16 — 5;   25 — 20;  67 — 57;   62 — 54;
48 — 9;   38 — 32;  49 — 40;   70 — 60;
36 — 8;   17 — 15;  77 — 72;   56 — 45;
```

3. Trouver les restes des soustractions suivantes :

```
0,5  — 0,3;   1 — 0,2;   1 — 0,90;   2 — 1,5;   5 — 4,4;
0,15 — 0,08;  1 — 0,3;   1 — 0,80;   2 — 1,7;   6 — 5,2;
0,28 — 0,07;  1 — 0,7;   1 — 0,70;   3 — 2,8;   8 — 7,2;
0,14 — 0,09;  1 — 0,1;   1 — 0,75;   3 — 2,9;   7 — 6,5;
0,9  — 0,6;   1 — 0,5;   1 — 0,25;   4 — 3,7;   5 — 3,9;
9,46 — 0,38;  1 — 0,9;   1 — 0,35;   6 — 5,4;   9 — 8,2;
```

EXERCICES ÉCRITS

1. Effectuer les soustractions suivantes, et faire la preuve de chacune d'elles :

```
   9 857      7 856      6 907      42 728      87 865
 — 7 536    — 4 324    — 4 701    —  1 604    — 46 723
```

7 853	24 832	36 540	18 684	428 603
— 4 968	— 18 765	— 27 835	— 9 517	— 97 857

8,75	7,21	18,46	512	69,03	6456
— 3,96	— 6,17	— 9,5	— 396,46	— 38,65	— 692,76

2. Effectuer les soustractions suivantes :

4 753 — 3 975; 6 905 — 3 814; 22 637 — 9 808;
12 321 — 7 845; 37 327 — 28 654; 804 126 — 732 635;
3,75 — 0,95; 8,32 — 6,75; 12,27 — 8,04; 17,2 — 8,9;
46,50 — 32,74; 61,8 — 35,45; 50,34 — 17,28; 61,9 —
52,46 ; (75 + 35) — 23; (51 + 36) — 48; (17 + 44) — 29;
(43 + 26) — 58.

CALCUL MENTAL

1. Compter par 2 et par 4, en rétrogradant, à partir de 99, 98, 97.

2. Compter par 3 et par 6, en rétrogradant, à partir de 99, 98, 97.

3. Compter par 5 et par 10, en rétrogradant, à partir de 99, 98, 97.

4. Louis a 9 ans. Dans combien d'années aura-t-il 17 ans?

5. J'avais 28 francs dans ma bourse. J'ai acheté un pantalon de 17 francs. Combien me reste-t-il?

6. Un baril contenait 55 litres de vin. On en a tiré 12 litres. Combien reste-t-il de litres de vin dans ce tonneau. Combien en resterait-il si on en tirait encore 8 litres?

7. Une personne me devait 450 francs. Elle m'a déjà donné 250 francs. Combien me doit-elle encore? Que me redevra-t-elle quand elle m'aura donné 100 francs?

8. Une famille avait acheté un fût de bière de 45 litres. Elle en a déjà bu 23 litres. Combien en reste-t-il dans ce fût?

9. Dans une classe de 50 élèves, un certain nombre lisent, 12 écrivent et 18 calculent. Quel est le nombre des élèves qui lisent?

10. Une boîte de plumes contenait 53 plumes. On en a retiré une première fois 12 et une deuxième fois 11. Combien en reste-t-il dans cette boîte?

11. Un enfant avait 100 lignes d'écriture à faire. Il en a fait déjà 68. Combien lui en reste-t-il encore à faire?

12. Un commerçant avait fourni une pièce de vin de 140 francs. Il a déjà reçu 50 francs une première fois et 40 francs une deuxième fois. Combien lui doit-on encore?

13. Un homme, sa femme et son fils ont gagné 68 francs dans une semaine. Le père a gagné 38 francs; la mère 20 francs. Quel est le gain du fils?

14. J'ai acheté dans un magasin un pantalon de 20 francs, une veste de 35 francs et un gilet de 5 francs. Je donne en paiement un billet de 100 francs. Combien doit-on me rendre?

15. Un troupeau comptait 150 moutons. On en a vendu 38 pour la boucherie. Combien en reste-t-il?

16. Un libraire vend une douzaine de plumes pour 15 centimes. Il gagne ainsi 5 centimes. Combien avait-il acheté la douzaine de plumes?

17. Deux personnes ont reçu en héritage une somme de 65 000 francs. Sachant qu'il revient 35 000 francs à la première, trouver ce qui revient à la seconde.

18. J'ai acheté 8 mètres de drap à 6 francs le mètre. Je donne en paiement un baril de vin de 30 francs et le reste en argent. Quelle somme ai-je donnée en argent?

PROBLÈMES ÉCRITS

SUR LA SOUSTRACTION.

1. Jules a gagné 52 bons points dans une semaine et Paul 28. Combien Jules en a-t-il gagné de plus que Paul?

2. Un enfant avait 72 billes; il en a perdu successivement 18, puis 15. Combien lui en restait-il chaque fois?

3. Une personne avait 14 fr. 25 dans son porte-monnaie; elle a dépensé 7 fr. 80. Combien lui reste-t-il?

4. Combien y a-t-il d'années que Christophe Colomb a découvert l'Amérique, sachant que cette découverte a eu lieu en 1492?

5. Je devais 109 francs; j'ai déjà payé 38 fr. 75. Combien dois-je encore?

6. Une personne achète, pour se faire une robe, une pièce d'étoffe de 37 fr. 85. Elle donne en paiement un billet de 100 francs. Combien doit-on lui rendre?

7. Une caisse vide pèse 45 kg. 5; pleine de marchandises, elle pèse 132 kg. 25. Quel est le poids des marchandises qu'elle contient?

8. La recette totale d'une banque a été, dans l'année, de 6 320 710 francs et la dépense de 5 635 080 francs; quel est son bénéfice?

9. Une barrique de vin contenait 225 litres; on en retire d'abord 53 litres, puis 87 litres. Combien restait-il de litres chaque fois?

10. En 1876, Paris comptait 1 988 806 habitants, et en 1886 il en avait 2 344 550. Quelle a été l'augmentation et combien d'années s'est-il écoulé pendant cette période?

11. La somme de deux nombres est de 37 965 et l'un des deux est 19 697. Quel est l'autre nombre? De combien d'unités le plus grand surpasse-t-il le plus petit?

12. J'avais en cave 500 bouteilles de vin qui me revenaient à 438 fr. 50. J'en ai vendu 336 pour 345 fr. 60. Combien me reste-t-il de bouteilles? A combien me reviennent-elles?

13. Une personne achète un costume qui coûte 138 fr. 50 et elle donne en paiement 2 billets de 100 francs. Que doit-on lui rendre?

14. Une pièce de drap contenait 58 m. 25. On a coupé d'abord 6 m. 70, puis 14 m. 35. Combien restait-il chaque fois? Combien manque-t-il de mètres pour faire un costume qui en exige 42 mètres?

15. Mon grand-père et ma grand'mère sont morts cette année: le premier avait 89 ans et ma grand'mère 76 ans. En quelle année étaient-ils nés l'un et l'autre?

16. Dans combien d'années serons-nous en l'an 2000? en l'an 2420? en l'an 3000?

17. Une armée se composait de 15 000 hommes avant la bataille. Après le combat, elle ne compte plus que 11 437 hommes. Combien sont disparus?

18. Molière est né en 1622 et est mort en 1673. Combien La Fontaine, qui est mort à 74 ans, a-t-il vécu de plus que Molière ?

19. En ajoutant 172 fr. 50 à la somme que je possède, je pourrais acheter un cheval de 780 francs. Quelle est la somme que j'ai ? Combien me manque-t-il pour avoir 1 000 francs ?

20. La porte Saint-Denis, à Paris, a 23 m. 40 d'élévation, et l'Arc de triomphe a 49 m. 48. De combien faudrait-il élever la première pour que sa hauteur fût égale à celle de l'Arc de triomphe ?

21. La pièce de 20 francs pèse 6 gr. 45 et la pièce de 0 fr. 10 pèse 10 grammes. Trouver les différences de valeur et de poids entre ces deux pièces.

22. Ernest a dépensé 3 fr. 25 sur les 7 fr. 10 qu'il avait, et Jules a dépensé 4 fr. 30 sur les 8 fr. 50 qu'il possédait. Combien reste-t-il à chacun, et combien de plus à l'un qu'à l'autre ?

23. Un bassin contenait 116 hectolitres d'eau. On en a retiré une première fois 17 hl. 45 et une deuxième fois 36 hl. 8. Combien restait-il chaque fois dans le bassin ?

24. Trouver quelle quantité il faut ajouter aux nombres suivants pour obtenir le nombre 600 :

73,85.   106,20.   139,55.   372,50.

25. Un tonneau vide pèse 17 kg. 85 ; et, plein de vin, il pèse 248 kg. 700. Quel est le poids du vin qu'il contient ? Combien restera-t-il quand on aura retiré encore 76 kg. 5 de ce vin ?

PROBLÈMES ÉCRITS

SUR L'ADDITION ET LA SOUSTRACTION

1. Un enfant avait 67 billes ; il en a gagné d'abord 18, puis 13. Il en a perdu ensuite 35. Combien en a-t-il maintenant ?

2. Un tonneau contenait 645 litres de vin. On en a tiré une première fois 147 litres et une deuxième fois 76 litres. Combien de litres a-t-on tirés en tout ? Combien en reste-t-il ?

3. Un fermier avait récolté 47 hectolitres de blé dans un champ et 39 dans un autre. Il en a vendu 56 hectolitres. Combien lui en reste-t-il?

4. Un marchand avait acheté 752 mètres de toile. Il en a vendu 109 mètres le même jour et 375 mètres le lendemain. Combien lui en reste-t-il?

5. Une pièce de drap contenait 148 m. 50. On en a d'abord coupé 37 m. 75, puis 42 m. 40. Combien en a-t-on coupé de mètres en tout? Combien en reste-t-il?

6. Un voyageur avait à parcourir une distance de 728 kilomètres. Il a parcouru 116 kilomètres une première fois et 325 kilomètres une deuxième fois. Combien lui reste-t-il de kilomètres à parcourir?

7. Une famille dont le revenu est de 2 700 francs, dépense chaque année : 1 300 francs pour sa nourriture, 350 francs pour son loyer et 535 francs pour son habillement. Quelle somme cette famille peut-elle ainsi économiser par an?

8. Je devais 38 fr. 25 à mon boulanger, 42 fr. 50 à mon boucher, 18 francs à mon marchand de vins et 7 fr. 50 à mon épicier. J'ai payé 100 francs. Combien dois-je encore?

9. J'avais 38 francs, j'ai dépensé d'abord 14 francs, puis 7 fr. 25 et enfin 9 fr. 50. Combien doit-il me rester?

10. Un fermier a vendu au marché pour 780 francs de blé et 634 francs d'avoine. Il a acheté un cheval de 950 francs. Combien lui reste-t-il sur ce qu'il a reçu?

11. Un troupeau comptait 310 moutons. On en a vendu 45 à un boucher et 70 à un éleveur. Combien en reste-t-il? Combien en aura-t-on quand on en aura racheté 100?

12. Un employé gagne annuellement 1 800 francs. Que lui restera-t-il au bout de l'année s'il dépense 980 francs pour sa nourriture, 345 francs pour son habillement et 130 francs pour frais divers?

13. On a une somme de 4 000 francs à partager entre 4 familles. On donne 1 534 francs à la première; 988 francs à la deuxième et 1 209 francs à la troisième. Combien la quatrième recevra-t-elle?

14. Trois paniers de noix contiennent ensemble 1 642 noix.

Il y en a 584 dans le premier et 713 dans le deuxième. Combien y en a-t-il dans le troisième?

15. Deux ouvriers, travaillant au même ouvrage, ont reçu : le 1er 83 fr. 40 et le 2e 17 fr. 50 de moins. Dire : 1° ce que le deuxième ouvrier a reçu; 2° ce qu'ils ont reçu à eux deux.

16. Trois ouvriers gagnent ensemble 450 francs par mois; le 1er gagne 175 francs; le 2e 150 francs. Quel est le gain du 3e ouvrier?

17. Jules avait 42 billes, mais il en a perdu 17. Paul en avait 23 et il en a gagné 13. Quel est celui des deux qui en possède maintenant de plus que l'autre et combien?

18. J'avais acheté un jardin pour 195 francs; je l'ai fait entourer d'un treillage qui m'a coûté 49 fr. 50 et j'y ai planté pour 50 francs d'arbres. Quel ▮▮▮▮▮▮ ▮▮▮▮▮ ▮▮▮fice si je le revends 400 francs?

19. J'ai dépensé 145 francs pour acheter un vêtement. Le pantalon coûte 23 francs; le gilet 15 fr. 50 et le paletot 45 francs. Quel est le prix du pardessus qui complète ce vêtement?

20. Louis a été envoyé chez l'épicier avec une pièce de 10 francs. Il a acheté pour 1 fr. 35 de sucre, 3 fr. 20 de café, 1 fr. 40 de chocolat et 0,80 d'huile. Combien a-t-on dû lui rendre?

21. Dans une famille, le père, la mère et le fils gagnent ensemble 14 fr. 25 par jour. Le père gagne 6 fr. 50; la mère 1 fr. 35 de moins que le père. Trouver : 1° le gain de la mère; 2° le gain du fils.

22. Un marchand a acheté une marchandise pour 327 francs. Il l'a payée en 3 fois, et a donné : la 1re fois 109 francs; la 2e fois 31 fr. 40 de moins que la 1re. Trouver : 1° ce qu'il a donné la 2e fois; 2° ce qu'il a donné la 3e fois.

23. Un propriétaire a une maison occupée par 3 locataires; il reçoit 350 francs du premier; 75 francs de moins du 2e que du 1er; et du 3e, 300 francs de moins que des deux premiers réunis. Quel est le rapport de cette maison?

24. Trois ouvriers qui ont fait ensemble un travail ont reçu pour le tout 750 francs. Le 1er a reçu 380 francs pour sa part; le 2e a reçu 95 fr. 50 de moins que le 1er. Quelle est la part du 3e ouvrier?

ARITHMÉTIQUE élém.

25. Un ouvrier gagne en moyenne 2 400 francs par an et sa femme 1 150 francs. Ils dépensent annuellement 380 francs pour leur loyer et 2 740 francs pour la nourriture et l'entretien de leur famille. Quelle économie peuvent-ils faire annuellement ?

26. Quatre frères ont à se partager une somme de 2 000 francs. Le 1er a 740 francs ; le 2e a 125 francs de moins que le 1er, et le 3e a 900 francs de moins que les deux premiers réunis. Quelle est la part du quatrième ?

27. Compléter la facture suivante :

Trèfle blanc......	15 fr. 60
Lupin blanc.......................	7 fr. 35
Blé de Bordeaux	70 fr. »
Luzerne de Provence	18 fr. 50
Sarrasin noir.....................	9 fr. 45
Vesce de printemps................	5 fr. 60
Total :	
Payé :	40 fr. »

Reste dû pour solde...............

28. Compléter la facture suivante :

7 m. 85 drap d'Elbeuf.......................	88 fr. 50
31 m. 60 toile de Vichy pour tabliers.........	38 fr. 75
12 m. velours russe pour costume de dame.	59 fr. 60
15 m. 40 flanelle pour chemises	38 fr. 75
Total :	
Payé :	200 fr. »

Reste dû pour solde........

29. D'un foudre qui contenait 7 200 litres, on a retiré une 1re fois 785 litres et une 2e fois 150 litres de moins. On y a versé ensuite la contenance de deux fûts : l'un de 228 litres et l'autre de 540 litres. Combien ce foudre contient-il maintenant de litres de vin ?

30. J'avais acheté une maison pour 7 540 francs. J'y ai fait faire pour 1 350 francs de réparations et j'ai payé pour 137 fr. 50 de contributions. Quelle somme gagnerais-je si je la vendais 10 000 francs ?

31. Un épicier en gros avait acheté 500 caisses de savon

pesant ensemble 9 835 kilogrammes pour une somme de
11 728 francs. Il en a vendu une 1re fois 125 caisses pesant
ensemble 2 870 kilogrammes pour 3 835 francs et une 2e fois
98 caisses pesant ensemble 1 725 kilogrammes pour 2 115 francs.
Trouver : 1º le nombre de caisses et le poids du savon qui
lui restent ; 2º à combien lui revient ce savon restant.

32. Un père laisse 45 000 francs en héritage à ses 4 enfants :
le 1er doit avoir 14 000 francs ; le 2e 1 710 francs de moins
que le 1er ; le 3e 13 600 francs de moins que les deux premiers réunis ; et le 4e le reste. Quelle est la part du
4e enfant ?

33. Une fermière part au marché avec 10 francs dans sa
bourse ; elle vend 5 poulets pour 17 fr. 50 ; 8 livres de beurre
pour 12 fr. 60 et 15 douzaines d'œufs pour 13 fr. 50. Elle
achète pour 17 fr. 85 de toile et 5 fr. 20 d'épicerie. Quelle
somme rapporte-t-elle à la maison ?

34. Un banquier avait le matin 7 000 francs dans sa caisse ;
il a reçu 750 francs, puis 275 fr. 60, il a payé un billet de
1 000 francs et un de 785 fr. 50 ; il a reçu ensuite 370 francs,
puis 693 fr. 20 ; enfin il a dû payer 755 francs. Quelle somme
doit-il avoir en caisse après toutes ces opérations ?

35. Une cuisinière sort avec une pièce de 20 francs et elle
achète 4 poulets pour 13 fr. 45 ; des légumes pour 1 fr. 20 ;
des fruits pour 2 fr. 50 ; de l'épicerie pour 5 fr. 40 et de la
pâtisserie pour 3 fr. 10 de moins que pour l'épicerie. A-t-elle
assez pour payer toutes ces acquisitions ? Si non, combien
lui manque-t-il ?

36. Un marchand de vins avait 3 fûts de cognac : le 1er de
145 litres ; le 2e de 39 litres de moins que le 1er et le 3e de
25 litres de moins que les deux premiers réunis. Il a fait,
dans sa journée, 3 livraisons : l'une de 110 litres ; l'autre de
25 litres de moins que la 1re, et la 3e de 15 litres de plus que
la 2e. Combien lui reste-t-il de litres de cognac ?

37. Un cultivateur a fourni pour 135 francs d'avoine à un
boucher à qui il doit pour 78 fr. 50 de viande et 82 fr. 50 de
foin à un boulanger qui lui a vendu pour 105 francs de pain.
Faites son compte en établissant ce qu'il redoit ou ce qui
lui est redû : 1º de part et d'autre ; 2º en totalité.

38. Un caissier a reçu dans une journée 3 paiements : l'un

de 3 000 francs; l'autre de 1 700 francs de plus que le premier et le 3e de 684 fr. 50 de moins que le 2e; il a fait également 3 versements : l'un de 4 000 francs, l'autre de 800 francs de moins que le 1er et le 3e de 3 000 francs de moins que les deux premiers. De quelle somme sa caisse s'est-elle augmentée ou diminuée par ces opérations?

39. Complétez la facture suivante :

Thé...............	3 fr. 75	Report :...		
Sucre............	4 fr. 50	Pruneaux.........	2 fr. 45	
Huile	6 fr. 35	Œufs et beurre...	7 fr. 10	
Chocolat.........	2 fr. 80	Savon...........	3 fr. »	
Vinaigre.........	1 fr. »	Total : ..		
Vermicelle	0 fr. 90	Payé : ...	20 fr. »	
A reporter :		Reste à payer....		

40. Jules a 12 ans et Léon 9 ans. En quelle année sont-ils nés l'un et l'autre? Quel âge auront-ils à eux deux en 1900? En quelle année chacun tirera-t-il au sort?

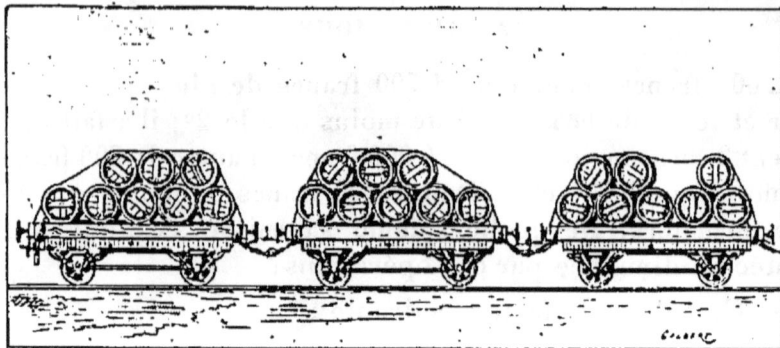

CHAPITRE V

Multiplication.

MULTIPLICATION DES NOMBRES ENTIERS

54. PROBLÈME. — 3 wagons sont chargés de tonneaux, chacun d'eux en contient 8; combien y a-t-il de tonneaux en tout?

Puisqu'il y a 8 tonneaux sur chaque wagon, sur les 3 wagons il y a $8 + 8 + 8 = 24$ tonneaux.

Donc 3 fois 8 tonneaux font 24 tonneaux.

Si au lieu de faire une addition de 3 nombres égaux à 8, on dit tout de suite 3 fois 8 font 24, on fait une *multiplication*. La multiplication est donc une *addition abrégée*.

55. *Définition.* — **La multiplication** est une opération qui a pour but, étant donnés un nombre appelé **multiplicande** et un nombre appelé **multiplicateur**, d'en chercher un troisième appelé **produit** qui soit égal à autant de fois le multiplicande qu'il y a d'unités dans le multiplicateur.

4.

Dans l'exemple choisi, le multiplicande est 8; le multiplicateur est 3. Le produit 24 est formé de 3 fois le multiplicande 8 comme le multiplicateur est formé de 3 fois une unité (54).

Pour indiquer qu'un nombre doit être multiplié par un autre, on écrit le multiplicateur à droite du multiplicande et on sépare les deux nombres par le signe $\times$ qui s'énonce *multiplié par*. La multiplication du n° 54 s'écrit :

$$8 \times 3.$$

et on a $8 \times 3 = 24$.

ou multiplicande $\times$ multiplicateur $=$ produit.

56. REMARQUE. — **Le produit est toujours de même nature que le multiplicande.**

En effet, nous avons vu (54) que le produit d'une multiplication n'était autre chose que le total d'une addition de plusieurs nombres égaux au multiplicande. Comme le total d'une addition est de même nature que les nombres additionnés, il s'ensuit que le produit est de même nature que le multiplicande.

Il y a 3 cas dans la multiplication des nombres entiers.

57. 1er *cas*. — **Multiplication de deux nombres d'un seul chiffre.**

Soit à multiplier 8 par 3. Pour résoudre ce cas, il suffit de savoir par cœur la table de multiplication.

On dit tout de suite 3 fois 8 font 24.

58. 2e *cas*. — **Multiplication d'un nombre de plusieurs chiffres par un nombre d'un seul.**

Ex. : On a acheté 6 sacs de café valant chacun 358 francs. Combien a-t-on déboursé en tout?

Il faut multiplier 358 par 6. Multiplier 358 par

TABLE DE MULTIPLICATION

2 fois 1 font 2	3 fois 1 font 3	4 fois 1. font 4	5 fois 1 font 5
2 — 2 — 4	3 — 2 — 6	4 — 2 — 8	5 — 2 — 10
2 — 3 — 6	3 — 3 — 9	4 — 3 — 12	5 — 3 — 15
2 — 4 — 8	3 — 4 — 12	4 — 4 — 16	5 — 4 — 20
2 — 5 — 10	3 — 5 — 15	4 — 5 — 20	5 — 5 — 25
2 — 6 — 12	3 — 6 — 18	4 — 6 — 24	5 — 6 — 30
2 — 7 — 14	3 — 7 — 21	4 — 7 — 28	5 — 7 — 35
2 — 8 — 16	3 — 8 — 24	4 — 8 — 32	5 — 8 — 40
2 — 9 — 18	3 — 9 — 27	4 — 9 — 36	5 — 9 — 45
6 fois 1 font 6	7 fois 1 font 7	8 fois 1 font 8	9 fois 1 font 9
6 — 2 — 12	7 — 2 — 14	8 — 2 — 16	9 — 2 — 18
6 — 3 — 18	7 — 3 — 21	8 — 3 — 24	9 — 3 — 27
6 — 4 — 24	7 — 4 — 28	8 — 4 — 32	9 — 4 — 36
6 — 5 — 30	7 — 5 — 35	8 — 5 — 40	9 — 5 — 45
6 — 6 — 36	7 — 6 — 42	8 — 6 — 48	9 — 6 — 54
6 — 7 — 42	7 — 7 — 49	8 — 7 — 56	9 — 7 — 63
6 — 8 — 48	7 — 8 — 56	8 — 8 — 64	9 — 8 — 72
6 — 9 — 54	7 — 9 — 63	8 — 9 — 72	9 — 9 — 81

6, c'est, *d'après la définition*, chercher un nombre
qui soit égal à autant de fois 358 qu'il y a
d'unités dans 6. Or, 6 renferme 6 fois l'unité.
Donc le produit sera égal à 6 fois 358

$$358$$
$$358$$
$$358$$
$$358$$
$$358$$
$$358$$
$$\overline{2148}$$

multiplicateur $6 = 1 + 1 + 1 + 1 + 1 + 1$

produit $= 358 + 358 + 358 + 358 + 358 + 358.$

Le produit est donc le total de l'addition
indiquée. Il se compose de 6 fois 8 unités; 6 fois
5 dizaines et 6 fois 3 centaines. Au lieu de
faire ces additions partielles, j'opère comme
dans le 1er cas et je dis directement : 6 fois 8
font 48, j'écris 8 et je retiens 4. 6 fois 5
font 30 et 4 de retenue font 34. Je pose 4 et je

$$358$$
$$6$$
$$\overline{2148}$$

retiens 3.. 6 fois 3 font 18 et 3 de retenue font 21. Je dispose l'opération comme il est indiqué.

RÈGLE. — Pour multiplier un nombre de plusieurs chiffres par un nombre d'un seul, on écrit le multiplicateur sous le chiffre des unités du multiplicande. On tire un trait horizontal. En commençant par la droite, on multiplie successivement tous les chiffres du multiplicande par le multiplicateur. Si un produit ne surpasse pas 9, on l'écrit sous le chiffre du multiplicande qui a servi à le former; s'il surpasse 9, on n'écrit que le 1er chiffre à droite de ce produit et on retient l'autre pour l'ajouter au produit suivant. Le dernier produit s'écrit tel qu'on le trouve.

59. Avant d'étudier le 3e cas de la multiplication, examinons un cas particulier, celui où **le multiplicateur est un chiffre significatif suivi de zéros.**

On appelle **chiffre significatif** tout chiffre différent de zéro.

Ex. : Un panier contient 84 pommes; combien 300 paniers contiennent-ils de pommes ?

Mettons les paniers par groupes de trois. Nous aurons 100 groupes de chacun 3 paniers.

$$
\begin{array}{r}
84 \\
300 \\
\hline
25200
\end{array}
$$

Dans chaque groupe, il y a 3 fois 84 pommes ou $84 \times 3 = 252$ pommes.

Dans les 100 groupes, il y en a 100 fois plus ou $252 \times 100 = 25\,200$ (26).

RÈGLE. — Pour multiplier un nombre entier par un chiffre significatif suivi de zéros, on multiplie le nombre par ce chiffre significatif et on ajoute autant de zéros au produit qu'il y en a au multiplicateur.

60. 3e *cas.* — **Multiplication d'un nombre de plusieurs chiffres par un nombre de plusieurs chiffres.**

Ex. : Un boulanger fait en moyenne 183 pains par jour : combien en fait-il en une année?

Il faut multiplier 183 par 365.

D'après la définition de la multiplication, nous savons que le produit cherché doit être égal à autant de fois 183 qu'il y a d'unités dans 365.

Or 365 est formé de 5 fois $+$ 60 fois $+$ 300 fois l'unité. Donc le produit sera formé de 5 fois $+$ 60 fois $+$ 300 fois 183.

$$183 \times 5 = 915$$
$$183 \times 60 = 10\,980$$
$$183 \times 300 = 54\,900$$
$$\overline{66\,795}$$

$$183$$
$$365$$
$$\overline{915}$$
$$1098$$
$$549$$
$$\overline{66\,795}$$

Il sera donc la somme des produits partiels indiqués à gauche, c'est-à-dire 66795. Au lieu de disposer l'opération ainsi, on procède comme au 2ᵉ cas ; c'est ce que montre la seconde opération. Dans la pratique, on néglige les zéros qui sont sur la droite de ces produits partiels ; mais on a soin de placer le premier chiffre à droite de chaque produit sous le chiffre du multiplicateur qui a servi à le former. De cette manière, les produits partiels sont convenablement disposés pour l'addition ; les dizaines sous les dizaines, etc.

RÈGLE. — **Pour multiplier deux nombres entiers l'un par l'autre, on écrit le multiplicateur sous le multiplicande, de façon que le premier chiffre à droite du multiplicateur soit sous le premier chiffre à droite du multiplicande. On tire un trait horizontal. En commençant par la droite, on multiplie successivement tout le multiplicande par chaque chiffre du multiplicateur. On place chaque produit partiel de manière que son premier chiffre à droite soit sous le chiffre du multiplicateur qui a servi à le former. On fait enfin la somme des produits partiels.**

61. *Cas particulier.* — Le **multiplicateur contient des zéros intercalés.**

$$
\begin{array}{r}
325 \\
301 \\
\hline
325 \\
000 \\
975 \\
\hline
97825
\end{array}
\qquad
\begin{array}{r}
325 \\
301 \\
\hline
325 \\
975 \\
\hline
97825
\end{array}
$$

Dans la multiplication de 325 par 301, le second produit partiel est nul. On pourra donc le négliger (2ᵉ opération) à condition de placer le premier chiffre à droite du produit suivant sous le chiffre des centaines du multiplicateur.

62. Cas où le multiplicande et le multiplicateur sont terminés par des zéros.

Soit à multiplier 3 500 par 450. Nous avons vu (59) que cette opération revient à multiplier 3 500 par 45 et le produit par 10. Or 3 600 × 45 donne 157 500.

$$
\begin{array}{r}
3500 \\
450 \\
\hline
175 \\
140 \\
\hline
1575000
\end{array}
$$

Le produit cherché s'obtiendra donc en ajoutant un zéro à 157 500 ce qui donnera 1 575 000.

RÈGLE. — **Pour multiplier deux nombres terminés par des zéros, on opère sans faire attention aux zéros et on ajoute au produit autant de zéros qu'il y en a au multiplicande et au multiplicateur.** -

63. Dans une multiplication, le multiplicande et le multiplicateur s'appellent les *facteurs* du produit qu'ils servent à former.

Donc, **le produit de deux facteurs est le nombre obtenu en multipliant le premier facteur par le second.**

64. *Principe.* — **Dans un produit de deux facteurs, on peut intervertir l'ordre des facteurs sans que le produit change.**

Supposons un certain nombre de billes rangées comme ci-dessous.

Si nous comptons par lignes horizontales, nous trouvons 3 lignes qui contiennent chacune 5 billes, en tout 5 billes $\times$ 3.

Si nous comptons par colonnes verticales, nous trouvons 5 colonnes de chacune 3 billes, en tout 3 billes $\times$ 5.

Le total des billes est toujours le même, quelle que soit la manière dont on compte les billes. Donc $5 \times 3 = 3 \times 5$.

65. PREUVE DE LA MULTIPLICATION. — En s'appuyant sur le principe précédent, on comprend facilement que pour faire la preuve d'une multiplication, il suffit de mettre le multiplicande à la place du multiplicateur et réciproquement. En effectuant la nouvelle opération, on doit trouver un produit identique à celui de la première multiplication.

Multiplication	Preuve
432	325
325	432
2160	650
864	975
1296	1300
140400	140400

MULTIPLICATION DES NOMBRES DÉCIMAUX.

66. 1ᵉʳ *cas*. — Multiplication d'un nombre décimal par un nombre entier.

$$2,85$$
$$32$$
$$\overline{570}$$
$$855$$
$$\overline{91,20}$$

Ex. : Un épicier a vendu 32 kilogr. de café à raison de 2 fr. 85 le kilogr., combien a-t-il reçu ?

2 fr. 85 font 285 centimes. L'épicier a donc reçu 32 fois 285 centimes ou 9 120 centimes, ou 91 fr. 20 centimes.

RÈGLE. — On procède comme pour les nombres entiers sans tenir compte de la virgule et on sépare au produit autant de chiffres décimaux qu'il y en a au multiplicande.

. REMARQUE. La règle est la même lorsqu'on multiplie un nombre entier par un nombre décimal.

67. 2ᵉ *cas*. — Multiplication d'un nombre décimal par un nombre décimal.

Ex. : On a acheté 22 mètres 4 de drap à raison de 2 fr. 65 le mètre. Combien a-t-on déboursé ?

$$2,65$$
$$22,4$$
$$\overline{1060}$$
$$530$$
$$530$$
$$\overline{59,360}$$

22 mètres 4 font 224 décimètres. 1 décimètre coûte 10 fois moins qu'un mètre, c'est-à-dire 0 fr. 265. La question revient donc à multiplier 0 fr. 265 par 224, ce que nous savons faire (1ᵉʳ cas). On a déboursé 59 francs 36.

RÈGLE. — On procède comme pour les nombres entiers, sans tenir compte de la virgule; on sépare au produit autant de chiffres décimaux qu'il y en a dans le multiplicande et le multiplicateur.

EXERCICES

SUR LA MULTIPLICATION

EXERCICES ORAUX

1. Répondre sans hésiter aux questions suivantes :

4 fois 5;   6 fois 7;   3 fois 5;   5 fois 6;

2 — 8;   3 — 8;   6 — 4;   2 — 7;

3 — 9;   8 — 4;   8 — 7;   6 — 4;

5 — 7;   4 — 5;   9 — 3;   9 — 5.

2. 1º Doubler, 2º tripler, 3º quadrupler les nombres suivants : 8, 7, 6, 5, 4, 9, 3, 10, 12, 15, 17, 19, 20, 22, 30, 50.

3. Effectuer les multiplications suivantes :

$$\frac{4}{\times 5} \quad \frac{6}{\times 7} \quad \frac{8}{\times 6} \quad \frac{7}{\times 7} \quad \frac{3}{\times 9} \quad \frac{5}{\times 8} \quad \frac{9}{\times 4} \quad \frac{2}{\times 8} \quad \frac{6}{\times 5} \quad \frac{7}{\times 8} \quad \frac{9}{\times 9}$$

$$\frac{12}{\times 2} \quad \frac{12}{\times 3} \quad \frac{12}{\times 4} \quad \frac{12}{\times 5} \quad \frac{15}{\times 2} \quad \frac{15}{\times 4} \quad \frac{15}{\times 5} \quad \frac{15}{\times 6} \quad \frac{20}{\times 2} \quad \frac{20}{\times 5} \quad \frac{20}{\times 6} \quad \frac{20}{\times 4}$$

$(5 \times 9) + 6$; $(7 \times 3) + 10$; $(6 \times 8) + 7$; $(7 \times 6) + 9$; $(5 \times 9) + 7$;

$(5 + 4) \times 3$; $(2 + 5) \times 7$; $(4 + 2) \times 7$; $(5 + 3) \times 8$; $(3 + 6) \times 9$;

$(7 — 2) \times 4$; $(8 — 5) \times 3$; $(9 — 4) \times 7$; $(6 — 2) \times 8$; $(9 — 3) \times 9$;

$8 \times 1\,000$; 20×30; 80×40; $0,25 \times 10$;

7×100; 400×90; 40×70; $1,75 \times 100$;

9×10; 740×100; 60×80; $0,05 \times 1\,000$;

4×100; $52 \times 1\,000$; $3\,859 \times 10$; $28,5 \times 10$;

$5 \times 1\,000$; 958×10; 500×200; $31,75 \times 100$.

EXERCICES ÉCRITS

Effectuer les multiplications suivantes et faire la preuve de chacune d'elles :

235×9; 748×6; 509×8; $9\,625 \times 7$; $3\,436 \times 4$;

607×8; $3\,200 \times 4$; $7\,850 \times 6$; $39\,000 \times 7$; $61\,700 \times 9$;

346×573; $7\,535 \times 29$; $6\,309 \times 493$; $7\,179 \times 684$;

$2\,856 \times 657$; $4\,379 \times 3\,500$; $7\,682 \times 780$; $34\,825 \times 650$;

17 490 × 9 270 ; 5 724 × 3 800 ; 25 069 × 407 ; 69 328 × 5 049 ;
37 486 × 5 308 ; 69 060 × 47 008 ; 75,85 × 68 ; 96,365 × 729 ;
608,479 × 5 704 ; 631,8 × 470 ; 739 × 0,85 ; 6 172 × 0,806 ;
57 350 × 0,084 ; 6 793 × 0,76 ; 5,76 × 3,87 ; 64,58 × 7,09 ;
37,085 × 5,63 ; 9,75 × 6,92.

CALCUL MENTAL

1. Révision des exercices de calcul mental d'addition et de soustraction par 2, 3, 4, 5 et 6.

2. Interrogations sur la table de multiplication.

3. Compter par 7, à partir de 7 jusqu'à 105.

4. Compter par 7, à partir de 104, en rétrogradant, jusqu'à 7.

5. Compter par 8, à partir de 8 jusqu'à 104.

6. Compter par 8, à partir de 105, en rétrogradant, jusqu'à 8.

7. Compter par 9, à partir de 9 jusqu'à 108.

8. Compter par 9, à partir de 108, en rétrogradant, jusqu'à 9.

9. Un ouvrier qui travaille 8 heures par jour travaille 6 jours par semaine. Combien travaille-t-il d'heures par semaine? Combien reçoit-il dans une semaine, s'il gagne 4 francs par jour?

10. J'ai acheté 6 mètres de drap à 5 francs le mètre et je donne 40 francs. Combien dois-je? Que doit-on me rendre?

11. Combien le vitrier a-t-il dû poser de carreaux de vitre dans une maison qui a 9 fenêtres de chacune 8 carreaux?

12. Dans une allée, il y avait 4 rangées d'arbres de chacune 20 arbres. On en a arraché 7 qui sont morts pendant l'hiver. Combien reste-t-il d'arbres dans cette allée?

13. Combien paiera-t-on 6 chemises, sachant qu'il faut pour 3 francs de toile par chemise et que la couturière demande 10 francs pour la façon des 6 chemises.

14. Un ouvrier gagne 6 francs par jour. Combien gagne-t-il : 1° dans une semaine? 2° dans un mois de 30 jours?

15. J'ai deux rouleaux de pièces d'or : l'un contient 40 pièces de 10 francs et l'autre 10 pièces de 20 francs. Quelle somme totale renferment ces deux rouleaux ?

16. Une locomotive parcourt 40 kilomètres par heure. Quelle distance parcourt-elle : en 5 heures ? en 10 heures ? en 20 heures ?

17. Combien paierait-on pour 8 poulets à 4 francs l'un ? pour 6 canards à 3 francs le canard ? pour 7 dindons à 6 francs le dindon ?

18. Le kilogramme d'huile coûtant 2 fr. 80, quel est le prix de 10 kilogrammes ? de 100 kilogrammes ? de 1 000 kilogrammes ?

19. Le kilogramme de thé coûtant 11 francs, quel est le prix de 6 kilogrammes ? de 10 kilogrammes ? de 20 kilogrammes ?

20. Un franc en argent pesant 5 grammes, quel est le poids d'une pièce de 2 francs ? d'une pièce de 5 francs ? d'une somme de 50 francs ? d'une somme de 100 francs ? de 200 francs ?

PROBLÈMES ÉCRITS

SUR LA MULTIPLICATION

1. Dans un verger, il y a 18 rangées de 25 pommiers chacune et 12 rangées de 18 pruniers chacune. Combien ce verger renferme-t-il de pommiers et de pruniers ?

2. Quelle est la quantité de vin contenu dans 45 pièces de chacune 225 litres ?

3. Quel est le prix du vin contenu dans un grand tonneau qui en contient 1 545 litres à raison de 0 fr. 65 le litre ?

4. Quel serait le prix d'un pain de sucre pesant 11 kg. 95 si le kilogramme vaut 1 fr. 45 ?

5. Combien paiera-t-on pour 75 mètres de toile si le mètre coûte 3 fr. 25 ?

6. Un cultivateur a vendu 37 hectolitres de blé à 24 fr. 50 l'hectolitre et 43 hl. 5 d'avoine à 20 fr. 30. Combien a-t-il reçu pour le blé ? pour l'avoine ?

7. Un vigneron a vendu 29 pièces de vin contenant chacune 228 litres à raison de 0 fr. 45 le litre. Quelle somme a-t-il reçue ?

8. Un fumeur consomme pour 0 fr. 15 de tabac par jour. S'il se corrigeait de sa mauvaise habitude, quelle serait son économie au bout de l'année ? au bout de 10 ans ?

9. Un entrepreneur occupe 17 ouvriers pendant 25 jours pour exécuter un travail. Quelle somme lui faudra-t-il pour payer tous ces ouvriers si chacun est payé 5 fr. 25 par jour ?

10. 23 ouvriers, gagnant 4 fr. 75 par jour, ont travaillé pendant 38 jours. Quelle somme faut-il pour les payer ?

11. Un ouvrier gagne 3 fr. 75 par jour. Que gagne-t-il par an s'il travaille 337 jours ? Quelle est sa dépense annuelle s'il dépense 2 fr. 35 par jour ?

12. Un verger est planté de 37 rangées d'arbres de chacune 28 pommiers. Chaque arbre produisant en moyenne 9 Dl. 8 de pommes, quel est le produit de ce verger ?

13. Le son parcourant 340 mètres par seconde, à quelle distance se trouve-t-on du nuage orageux si l'on a compté 37 secondes entre l'éclair et le bruit du tonnerre ?

14. Une batterie d'artillerie, composée de 6 canons, tire 26 coups par heure et par canon. Combien la batterie peut-elle tirer de coups en 7 heures ?

15. Un volume se compose de 342 pages ; chaque page est de 32 lignes de chacune 45 lettres en moyenne. Combien a-t-il fallu de caractères pour composer ce volume ?

16. L'heure vaut 60 minutes et la minute 60 secondes. Combien y a-t-il de secondes dans une journée de 24 heures ? dans un mois de 30 jours ?

17. 15 ouvriers ont achevé un travail en 26 jours. Quelle somme totale leur doit-on si chaque ouvrier gagne 4 fr. 75 par jour ?

18. Que valent 7 douzaines de draps à 12 fr. 45 la pièce ?

19. Un are de blé donne en moyenne 67 litres de grain et 113 kilogrammes de paille. Quel est le produit de 65 ares 45 de blé ?

20. Sachant qu'il faut 5 gr. 35 de poudre pour charger une cartouche de fusil d'infanterie, quelle quantité faudrait-il pour faire 2 700 cartouches ?

21. L'Arc de triomphe de l'Étoile (à Paris) a 152 pieds de hauteur. Sachant que le pied vaut environ 0 m. 325, quelle est en mètres la hauteur de ce monument?

22. Quelle est la valeur de 17 pains de sucre pesant chacun 10 kg. 65, à raison de 0 fr. 95 le kilogramme?

23. Combien paierait-on pour 15 douzaines d'assiettes si chaque assiette coûte 0 fr. 15?

24. Un charpentier emploie 25 ouvriers au prix de 5 fr. 80 par jour. Quelle somme lui faut-il pour leur payer 12 jours de travail?

25. Un vigneron récolte 37 pièces de vin contenant chacune 225 litres qu'il vend à raison de 0 fr. 65 le litre. Quelle somme recevra-t-il?

PROBLÈMES COMBINÉS
SUR L'ADDITION, LA SOUSTRACTION
ET LA MULTIPLICATION

1. Il y avait 15 douzaines d'œufs dans un panier; on en a retiré 37 œufs. Combien en reste-t-il?

2. Un vigneron a vendu d'abord 17 pièces de vin à 110 francs la pièce, puis 25 pièces à 117 francs. Quelle somme totale a-t-il reçue?

3. On mélange 3 tonneaux de vin contenant : le 1er 630 litres; le 2e 345 litres et le 3e 228 litres. Quelle somme retirerait-on de la vente du tout à raison de 0 fr. 65 le litre?

4. On a acheté une pièce d'étoffe de 48 m. 50 pour 124 fr. 60. Quel bénéfice réalise-t-on en la revendant à raison de 3 fr. 50 le mètre?

5. J'ai acheté un tonneau de vin de 112 litres à raison de 0 fr. 65 le litre. Je donne un billet de 100 francs en paiement. Combien doit-on me rendre?

6. Un cultivateur a acheté un semoir pour 835 francs. Il donne en paiement 18 hectolitres de blé à 22 fr. 50 l'hectolitre et une certaine somme. Quelle est cette somme?

7. Un tonneau contenait 228 litres. On en a vendu 150 litres à 0 fr. 65 le litre et le reste à 0 fr. 50. Quelle somme a-t-on retirée de cette vente ?

8. J'ai fait venir de Châtellerault 5 douzaines de couteaux à 25 francs la douzaine et j'ai payé 3 fr. 45 pour les frais de transport. Je les revends 3 fr. 50 la pièce. Quel est mon bénéfice ?

9. Pour faire une robe. on a employé 7 m. 60 de mérinos à 3 fr. 25 le mètre. La façon et les fournitures coûtent 14 fr. 50. A combien revient cette robe ?

10. J'ai acheté une pièce de vin de 2 hl. 25 à raison de 48 francs l'hectolitre. J'ai payé en outre 7 fr. 35 pour le transport et 13 fr. 80 pour les droits d'octroi. A combien me revient ce vin ?

11. Un panier d'œufs en contenait 18 douzaines. Dans le voyage, 13 œufs se sont trouvés cassés. Quelle somme retirera-t-on de ce qui reste à 0 fr. 05 la pièce ?

12. Une femme, qui a travaillé pendant 23 jours dans un magasin à raison de 2 fr. 50 par jour, y a acheté pour elle 15 m. 8 de drap à 7 fr. 20 le mètre. Quelle somme doit-elle payer pour s'acquitter de sa dette ?

13. Un épicier a un tonneau plein d'huile qui pèse 135 kg. 5. Le tonneau vide pèse 7 kg. 8. Quelle somme recevra-t-il en vendant cette huile à raison de 3 fr. 65 le kilogramme ?

14. Un ouvrier gagne 3 fr. 50 par jour et travaille 305 jours par an. Quelle est son économie annuelle s'il dépense en moyenne 2 fr. 40 par jour ?

15. Un entrepreneur emploie 6 ouvriers à 5 fr. 25 par jour, 7 à 4 fr. 50 et 5 à 3 fr. 75. Quelle somme lui faut-il pour leur payer 12 jours de travail ?

16. Un marchand de toile en a acheté 8 pièces de chacune 17 m. 50 à raison de 1 fr. 48 le mètre. Il a revendu cette toile à 1 fr. 75 le mètre. Quel est son bénéfice total ?

17. Une propriété se compose d'une maison estimée 23 000 francs, de 3 ha. 25 de parc valant 3 545 francs l'hectare et de 72 a. 4 de jardin à 150 francs l'are. Quelle est la valeur totale de cette propriété ?

18. Établir la facture suivante :

17 m.   de velours à 6 fr. 50 le mètre.........
7 m. 50 de soie à 8 fr. 40 le mètre............
14 m.   de drap à 5 fr. 20 le mètre...........
28 m.   5 de toile à 3 fr. 60 le mètre........:....

Total....

19. Un cultivateur a récolté 315 hectolitres de blé qu'il a vendus à 24 fr. 50 l'hectolitre et 238 hectolitres d'avoine qu'il a vendus à 18 fr. 75 l'hectolitre. Combien la vente de son blé lui a-t-elle produit de plus que celle de l'avoine ? Combien a-t-il reçu en tout ?

20. Une vache donnant environ 14 litres de lait par jour, quel bénéfice réalise-t-on au bout d'un mois si l'entretien de cette vache coûte chaque jour 2 fr. 35 et si le litre de lait se vend 0 fr. 30 ?

21. On a acheté une pièce de vin de 225 litres à 0 fr. 45 le litre. On a payé en outre 37 fr. 50 pour les frais de transport, d'octroi et de mise en cave. A combien revient cette pièce de vin ?

22. Une fermière vend au marché 35 douzaines d'œufs à 0 fr. 80 la douzaine, 9 poulets à 3 fr. 50 la pièce et 5 paires de pigeons à 1 fr. 40 la paire. Quelle somme reçoit-elle en tout ? Quelle somme rapportera-t-elle si elle a fait une dépense de 35 francs pour diverses emplettes ?

23. Un épicier reçoit 13 quintaux de savon à 90 francs le quintal et 125 litres d'huile à 1 fr. 90 le litre. Il donne deux acomptes : l'un de 100 francs et l'autre de 350 francs. Combien doit-il encore ?

24. On a acheté une pièce de vin de 228 litres pour 115 francs. On le revend à raison de 0 fr. 70 le litre. Quel sera le bénéfice réalisé si 7 litres de ce vin ne peuvent être vendus ?

25. Un ouvrier gagne 4 fr. 25 par jour et travaille 308 jours par an. Quelle économie fait-il en un an s'il dépense 85 francs par mois ?

26. Un enfant a acheté 5 livres coûtant chacun 0 fr. 95 ; 4 cahiers de 0 fr. 25 chacun ; pour 0 fr. 10 de plumes et un crayon de 0 fr. 05. Il donne une pièce de 10 francs. Combien faut-il lui rendre?

27. Établir la facture suivante :

3 kg. 5 de café Martinique à 4 fr. 50 le kilo....
13 kg. 2 de savon de Marseille à 1 fr. 20 le kilo.
6 litres de rhum de la Jamaïque à 3 fr. 50 le litre.
15 bouteilles de vin de Champagne à 5 francs la
   bouteille..

Total......	
Reçu à compte...	50 fr. »
Reste dû.....	

28. Dans une famille, le père gagne 0 fr. 85 par heure, la mère 0 fr. 50 et le fils 0 fr. 30. Combien gagnent-ils ensemble dans une journée si le père travaille 11 heures, la mère 7 heures et le fils 10 heures?

29. On achète une grosse de crayons ou 12 douzaines à 0 fr. 45 la douzaine, on les revend au détail à 0 fr. 05 la pièce. Quel bénéfice total réalise-t-on?

30. J'ai acheté 235 moutons à 32 fr. 50 l'un; je donne en paiement 75 hectolitres de blé à 26 fr. 50 l'hectolitre et une certaine somme. Quelle est cette somme?

31. Quelle est la valeur de 18 pains de sucre pesant chacun 10 kg. 5 et de 14 pains de 9 kg. 8, à raison de 1 fr. 20 le kilogramme?

32. Quel est le poids total de 50 sacs de blé, si 27 de ces sacs pèsent chacun 75 kg. 8, 12 autres 78 kg. 5 et le reste 79 kg. 92?

33. J'ai acheté 2 piles de bois : l'une de 13 st. 5 et l'autre de 4 st. 7 de moins que la 1re à raison de 12 fr. 50 le stère. Quelle somme ai-je dépensée?

34. Une lingère a confectionné 5 douzaines de chemises qui lui reviennent à 48 fr. 50 la douzaine. Elle les vend à 6 fr. 50 la pièce. Quel est son bénéfice?

35. Un marchand a acheté 335 mètres de drap à 12 fr. 50 le mètre, 138 m. 5 de soie à 8 fr. 40 le mètre et il donne en paiement une somme de 5 000 francs. Quelle somme redoit-il encore?

36. Compléter la facture suivante :
14 litres de rhum à 3 fr. 25 le litre.............
36 litres de kirsch à 2 fr. 80 le litre...........
25 litres de cognac à 3 fr. 60 le litre...........
15 litres de sirop à 1 fr. 80 le litre............

Total.......
Reçu à compte.... 100 fr. »
Reste dû......

37. Un propriétaire a 16 locataires qui lui paient chacun 380 francs par an. Il dépense 135 fr. 20 de contributions et fait faire pour 448 fr. 75 de réparations diverses ; quel est son bénéfice ?

38. Un cultivateur a vendu au marché 5 veaux à 50 francs chacun et 150 moutons à 32 fr. 50 le mouton. Il a payé deux factures : l'une de 113 fr. 80 et l'autre de 650 francs. Quelle somme lui reste-t-il ?

39. Une bourse contient 7 pièces de 10 francs ; 3 pièces de 5 francs ; 7 pièces de 1 franc ; 3 pièces de 0 fr. 50 ; 8 pièces de 0 fr. 10 et 4 pièces de 0 fr. 05. Quelle somme contient-elle ?

40. Un libraire a vendu 7 douzaines de grammaires à 0 fr. 80 chaque livre et 11 douzaines de géographies à 1 fr. 75 chaque livre. Quelle somme a-t-il reçue si on lui redoit 50 francs sur cette fourniture ?

41. Un marchand revend 12 fr. 50 le mètre une pièce de drap de 74 m. 50 qui lui coûtait 10 fr. 85 le mètre. Que gagne-t-il sur le tout ?

42. Un épicier achète 25 caisses de bougies pesant chacune 4 kg. 8. à raison de 1 fr. 80 le kilogramme. Il les revend pour 280 francs. Quel est son bénéfice ?

43. Une femme achète 7 paires de bas à 3 fr. 25 la paire et 7 douzaines de mouchoirs à 6 fr. 30 la douzaine. Elle donne en paiement un billet de 50 francs. Que doit-elle encore ?

44. Dans un omnibus, les places d'intérieur coûtent 0 fr. 30 et celles d'impériale 0 fr. 15. Combien économiserait un employé qui prendrait l'impériale au lieu de l'intérieur 2 fois par jour pendant un mois de 30 jours ?

45. Une lampe brûle 0 kg. 052 d'huile par heure. Combien faudrait-il d'huile pour alimenter cette lampe pendant un

5.

mois de 30 jours si on la laisse allumée 3 heures tous les jours ?

46. Dans une maison, il y a 12 fenêtres de chacune 8 carreaux. Chacun des châssis a coûté 12 fr. 80 et chaque vitre 1 fr. 30. Quelle somme a-t-on dépensée en tout pour ces 12 fenêtres ?

47. Un grainetier achète un sac de haricots pour 18 fr. 50, et les revend à 0 fr. 55 le kilog. Quel sera son bénéfice si ce sac pèse 50 kilogrammes ?

48. Un marchand de grains, pour faire du méteil, fait un mélange de 9 hectolitres de blé à 22 fr. 50 l'hectolitre et de 6 hectolitres de seigle à 16 francs l'hectolitre. S'il vend l'hectolitre de méteil ainsi obtenu 21 francs, quel sera son bénéfice ?

49. Un marchand de nouveautés avait acheté une pièce d'étoffe de 35 mètres à 14 fr. 20 le mètre. Il en a vendu 28 mètres à 17 fr. 50 et le reste à 15 fr. 60. Quel est son bénéfice ?

50. Un ouvrier gagnant 3 fr. 75 par jour se repose les dimanches et fêtes, soit 63 jours par année. Sachant qu'il dépense en moyenne 2 fr. 45 par jour, quelle est son économie annuelle ?

CHAPITRE VI

Division.

68. PROBLÈME. — Une mère de famille partage 12 pommes entre ses 3 enfants. Combien chaque enfant a-t-il reçu de pommes?

La maman donne d'abord une pomme à chaque enfant; elle en a ainsi distribué 3 et il lui en reste 9. Après une seconde distribution, chaque enfant a 2 pommes et il en reste 6 à la mère de famille. Elle fait une 3e, puis une 4e distribution. Toutes les pommes ont été distribuées et chaque enfant en a 4.

Pour partager ses pommes, la maman a donc fait 4 soustractions successives. On peut simplifier cette opération et trouver de suite le nombre de pommes que devra avoir chaque enfant.

On fait alors une *division*.

69. *Définition.* — La **division** est une opération qui a pour but de partager un nombre appelé **divi-**

dende en autant de parties égales qu'il y a d'unités dans un autre nombre appelé diviseur. Le résultat se nomme quotient.

Dans l'exemple cité plus haut, le dividende est 12, le diviseur 3 et le quotient 4.

Nous avons vu (68) que la *division* est une *soustraction abrégée*.

70. Supposons que la maman ait eu 14 pommes à partager. En procédant comme dans le premier cas, chacun des 3 enfants reçoit 4 pommes et il en reste 2 à la mère. La division a alors un *reste* qui est 2.

En réalité ce n'est pas le dividende 14 qui a été partagé en 3 parties égales ; c'est une partie du dividende, 12. Donc la définition donnée plus haut ne peut s'appliquer au cas où la division présente un reste. Nous allons en donner une autre plus générale.

71. Que le nombre de pommes à partager soit 12 ou 14, on a vu que dans chacun des cas il contenait 4 fois 3 pommes, exactement ou non.

On peut donc définir la division **une opération qu a pour but de chercher combien de fois un nombre appelé dividende en contient un autre appelé diviseur. Le résultat se nomme quotient.**

Cette définition s'applique à la division de deux nombres entiers quelconques, qu'elle ait ou qu'elle n'ait pas de reste. Elle est donc plus générale que la première.

72. *Principe.* — **Dans une division, le dividende est égal au diviseur multiplié par le quotient plus le reste.**

Dans le cas examiné plus haut, on a :

$$14 = 3 \times 4 + 2$$

ou bien dividende = diviseur $\times$ quotient + reste.

Si la division se fait sans reste, le dividende est égal au produit du diviseur par le quotient.

73. Le signe de la division est : qui s'énonce *divisé par*.

Ainsi   14 : 3

s'énonce   14 divisé par 3.

On distingue plusieurs cas dans la division des nombres entiers, basés sur le nombre des chiffres du quotient. Il importe donc de savoir déterminer ce nombre de chiffres.

74. *Principe.* — **Le nombre des chiffres du quotient d'une division est égal au plus petit nombre de zéros qu'il faut ajouter au diviseur pour avoir un nombre supérieur au dividende.**

Soit à diviser 95 par 6. On a, en ajoutant un zéro à la droite de 6, un nombre 60, inférieur à 95; en ajoutant 2 zéros, on a 600, supérieur à 95. Le quotient aura donc deux chiffres.

75. 1er *cas.* — **Le diviseur et le quotient n'ont qu'un chiffre.**

1. Exemple. On partage 35 francs entre 5 personnes. Quelle sera la part de chaque personne?

Il faut diviser 35 par 5. Le quotient n'aura qu'un chiffre car 50 est plus grand que 35.

D'après la table de multiplication, on sait que 5 fois 7 font 35. Donc 35 contient 5 sept fois. Le quotient est donc 7.

La division se fait sans reste. Donc **le dividende est égal au produit du diviseur par le quotient.**

Donc $35 = 5 \times 7.$

II. Soit à diviser 37 par 5. Nous savons que 7 fois 5 font 35 et que 8 fois 5 font 40. Donc 37 contient 5 au moins 7 fois et ne le contient pas 8 fois. Donc le quotient de 37 par 5 est 7.

La division a un reste : 2. Donc **le dividende est égal au produit du diviseur plus le reste.**

$$37 = 5 \times 7 + 2$$

Le 1er cas se résout donc facilement à l'aide de la table de multiplication.

76. 2e cas. — **Le diviseur n'a qu'un chiffre, le quotient en a plusieurs.**

Exemple. Un agneau coûte 9 francs; combien pourra-t-on acheter d'agneaux avec 8651 francs?

Autant de fois 9 francs seront contenus dans 8651 francs, autant d'agneaux on pourra acheter. Il faut donc diviser 8651 par 9.

Le quotient aura 3 chiffres, car 900 est inférieur à 8651 et 9000 lui est supérieur. Le quotient aura

```
8651 |  9
 55   |-----
 11   | 961
  2   |
```

donc des centaines, des dizaines et des unités.

Divisons d'abord les 86 centaines du dividende par le diviseur. 86 divisé par 9 donne 9 comme quotient. Il reste 5 centaines' qui valent 50 dizaines, ce qui fait avec les 5 dizaines du dividende 55 dizaines. 55 dizaines divisées par 9 me donnent le chiffre des dizaines du quotient ou 6. Le reste est 1 dizaine qui vaut 11 unités avec l'unité du dividende. Divisant 11 par 9, j'obtiens 1 qui est le chiffre des unités du quotient. Donc 9 est contenu 961 fois dans 8651, le reste est 2.

RÈGLE. — On sépare sur la gauche du dividende un nombre qui contienne le diviseur au moins une fois et moins de dix fois. On obtient ainsi un premier dividende partiel que l'on divise par le diviseur (1er cas). On obtient le 1er chiffre du quotient.

A la droite du reste de cette 1re division, on abaisse le chiffre qui suit le 1er dividende partiel; on obtient un second dividende partiel que l'on divise par le diviseur (1er cas). On a ainsi le 2e chiffre du quotient. On continue ainsi jusqu'à ce qu'on ait abaissé tous les chiffres du dividende.

77. **PRENDRE LA MOITIÉ, LE TIERS, LE QUART, ETC. D'UN NOMBRE.** — Prendre le tiers d'un nombre revient à le diviser par 3. On peut faire l'opération très rapidement. Soit à prendre le tiers de 749.

749 | 3   749   2
14 | 249   249
29 |
2 |

On dit : le tiers de 7 est 2; il reste 1 qui vaut 10. 10 et 4 font 14; le tiers de 14 est 4, il reste 2 qui valent 20. 20 et 9 font 29 dont le tiers est 9; il reste 2.

En réalité, on répète mentalement tout ce qui se fait par écrit dans la division indiquée à côté.

On prendrait de même le quart, le cinquième, etc., d'un nombre.

78. *Cas particulier.* — **Le diviseur a plusieurs chiffres, le quotient n'en a qu'un.**

I. Exemple. Partager 625 pommes entre 82 enfants. Divisons 625 par 82.

Pour cela divisons les 62 dizaines du dividende par les 8 dizaines du diviseur. Nous avons comme quotient 7. 7 est le quotient de 625 par 82 ou un chiffre trop fort. Il faut donc l'essayer. Pour cela, on multiplie 82 par 7. Si le produit trouvé peut se retrancher de 625, 7 est le quotient cherché. Sinon,

$$\begin{array}{c|c} 625 & 82 \\ \hline 51 & 7 \end{array}$$

7 est trop fort et il faut le diminuer plusieurs fois de une unité, si cela est nécessaire, jusqu'à ce que le produit dont nous avons parlé puisse se retrancher de 625.

Le produit de 82 par 7 peut se retrancher de 625. Donc 7 est le quotient cherché.

II. Soit à diviser 621 par 89.

$$\begin{array}{c|c} 621 & 89 \\ \hline 87 & 6 \end{array}$$

En procédant comme plus haut on trouve comme quotient de 62 par 8 le nombre 7. Le produit de 89 par 7 est 623, qui ne peut se retrancher de 621. Donc 7 est trop fort. Diminuons-le d'une unité. Le produit de 89 par 6 est 534, qui peut se retrancher de 621. Donc 6 est le quotient cherché.

RÈGLE. — On sépare sur la droite du dividende autant de chiffres moins un qu'il y en a au diviseur. On divise par le 1er chiffre du diviseur le nombre que forment les chiffres non séparés à la gauche du dividende. — On obtient le chiffre du quotient ou un chiffre trop fort. Pour l'essayer, on le multiplie par le diviseur et on retranche le produit du dividende. — Si la soustraction peut se faire, le chiffre trouvé est bien le quotient cherché. Si elle ne peut s'effectuer, il faut diminuer le chiffre trouvé et l'essayer de nouveau.

79. 3e *cas.* **—. Le diviseur et le quotient ont plusieurs chiffres.**

Ex. : La grosse de crayons se compose de 144 crayons.

Combien y a-t-il de grosses de crayons dans 6 523 crayons.

Autant de fois 144 crayons seront contenus dans

6 523 crayons, autant de grosses il y aura. Il faut donc diviser 6 523 par 144.

Le quotient aura deux chiffres, car 1 440 est inférieur à 6 523 et 14 400 lui est supérieur. Le quotient aura donc des dizaines et des unités.

```
6523 | 144
0763 |  45
 043 |
```

Dans 6 523 il y a 652 dizaines. En divisant 652 par 144 (78), on obtiendra le chiffre des dizaines du quotient.

652 divisé par 144 donne 4 pour quotient. Il reste 76 dizaines qui valent 760 unités, ajoutons-y les 3 unités qui restent au dividende; nous aurons 763. Il ne reste plus qu'à diviser 763 par 144 (78).

Le quotient est 5; le reste est 43.

Donc il y a 45 grosses de crayons dans 6 523 crayons.

RÈGLE. — On prend sur la gauche du dividende un nombre qui contienne le diviseur au moins une fois et moins de dix fois. On divise ce nombre par le diviseur suivant la règle du n° 78, ce qui donne le 1er chiffre du quotient. — A la droite du reste on abaisse le chiffre qui suit le 1er dividende partiel; on a un 2e dividende partiel que l'on divise par le diviseur. On obtient le 2e chiffre du quotient. On continue ainsi jusqu'à ce qu'on ait abaissé tous les chiffres du dividende.

80. **PREUVE DE LA DIVISION**. — Nous savons que le dividende est égal au produit du diviseur par le quotient, plus le reste s'il y en a un.

Pour faire la preuve d'une division, il suffit de multiplier le diviseur par le quotient, et d'ajouter au produit le reste de la division, s'il y en a un. On doit retrouver le dividende.

DIVISION DES NOMBRES DÉCIMAUX.

Nous n'examinerons qu'un cas.

81. Le dividende est décimal, le diviseur est entier.

Ex. : 25 kilogr. de thé ont coûté 79 francs 25.
Combien a coûté 1 kilogr.

Il faut diviser 79 francs 25 par 25.

$$\begin{array}{r|l} 79,25 & 25 \\ 042 & \overline{3,17} \\ 175 & \\ 00 & \end{array}$$

79 francs 25 font 7 925 centimes. Divisons 7 925 centimes par 25 nous obtenons 317 centimes. Donc 1 kilogr. de thé a coûté 317 centimes ou 3 francs 17.

RÈGLE. — **Pour diviser un nombre décimal par un nombre entier, on opère sans tenir compte de la virgule et on sépare sur la droite du quotient autant de chiffres décimaux qu'il y en a au dividende.**

REMARQUE. — Si les 25 kilogr. coûtaient 79 francs et qu'on voulût avoir le prix en centimes de 1 kilogr., on raisonnerait de même.

$$\begin{array}{r|l} 7900 & 25 \\ 40 & \overline{3,16} \\ 150 & \\ 00 & \end{array}$$

79 francs font 7 900 centimes qui, divisés par 25, donnent 316 centimes ou 3 francs 16.

Dans ce cas, on sépare au quotient autant de chiffres décimaux qu'on a ajouté de zéros au dividende.

EXERCICES

SUR LA DIVISION

EXERCICES ORAUX

1. Nommer les quotients des divisions suivantes :

12 : 2; 27 : 3; 28 : 4; 20 : 5; 24 : 6; 21 : 7; 32 : 8;
36 : 9; 35 : 5; 40 : 8; 72 : 9; 54 : 6; 28 : 4; 63 : 8;
32 : 8; 48 : 6; 81 : 9; 64 : 8.

2. Trouver les quotients et les restes des divisions suivantes :

7 : 2; 13 : 3; 23 : 4; 35 : 8; 43 : 6; 52 : 7; 42 : 5;
68 : 9; 37 : 8; 60 : 8; 33 : 5; 80 : 9; 58 : 7; 23 : 6;
41 : 9; 39 : 5; 63 : 8; 44 : 9.

3. Quelle est la moitié de : 6; 8; 10; 16; 48; 34; 22; 50; 46; 38; 54; 60; 0,8; 0,48; 4,6; 5,2?

Quel est le tiers de : 6; 9; 12; 18; 24; 27; 33; 48; 51; 21; 60; 0,15; 0,09; 3,6; 5,4?

Quel est le quart de : 8; 12; 16; 28; 24; 20; 36; 48; 32; 60; 0,24; 0,08; 4,8; 8,8?

Quel est le cinquième de : 10; 25; 15; 30; 45; 20; 35; 40; 55; 0,50; 3,5?

Quel est le sixième de : 12; 24; 18; 42; 30; 36; 42; 54; 48; 60; 4,2; 0,36?

Quel est le septième de : 21; 42; 63; 56; 14; 35; 28; 0,63; 4,2?

Quel est le huitième de : 32; 16; 48; 24; 56; 0,40?

Quel est le neuvième de : 36; 45; 27; 54; 18; 63; 81; 72; 2,7; 0,54?

EXERCICES ÉCRITS

1. Effectuer les divisions suivantes :

58 : 2; 435 : 3; 512 : 5; 609 : 4; 337 : 6; 625 : 8;
750 : 7; 3 842 : 8; 6 915 : 6; 7 604 : 8; 541 : 7;
3 127 : 6; 8 235 : 8; 6 408 : 4; 31 246 : 7; 37 : 12;
54 : 28; 76 : 14; 127 : 83; 658 : 76; 108 : 35; 248 : 53;
407 : 78; 451 : 88; 509 : 97; 408 : 60.

2. Effectuer les divisions suivantes et faire la preuve de chacune d'elles :

875 : 43;   537 : 38;   609 : 47;   1 205 : 74;   36 856 : 145; 307 332 : 7 815;   6 1489 : 7 815;   6 1489 : 577;   131 658 : 763; 106 942 : 938;   8 342 758 : 608.

3. Évaluer jusqu'aux centièmes le quotient des divisions suivantes :

7 : 9;   28 : 33;   48 : 85;   126 : 309;   148 : 653;   711 : 1 614; 2 538 : 1 614;   2 538 : 7 637;   17 841 : 58 375; 17 641 : 783;   2 438 : 689;   76 338 : 168;   40 716 : 783; 9 631 : 54;   116 674 : 9 725;   68 375 : 27,8; 79 046 : 4,85;   12 407 : 3,725;   16 836 : 74,25; 9 807,75 : 634,8;   35 609 : 783,64;   635, 28 : 437; 615,34 : 583;   710, 435 : 96;   1.243,75 : 647; 3 519,865 : 632;   9,805 : 471;   32,75 : 3,5;   68,85 : 9,4; 171,25 : 6,85;   467,8 : 5,735;   930,353 : 76,425; 674,8 : 0,964.

4. Effectuer les divisions suivantes .

7 850 : 10;   7 315 : 10;   78 325 : 100;   6 000 : 1 000; 695 : 1 000;   96,355 : 1 000;   7 800 : 100;   12 328 : 100; 6,85 : 10;   5 300 : 10;   54 630 : 1000;   9164,9 : 1000; 4 000 : 1 000;   9 807 : 100;   676,85 : 100.

CALCUL MENTAL

1. Revision des exercices d'addition et de soustraction.

2. Interrogations sur la table de multiplication.

3. Compter par 7, 8 et 9, à partir de 1, 2, 3, 4, 5 et 6 jusqu'à 100.'

4. Compter par 7, 8, et 9, en rétrogradant, à partir de 100, 99, 98.

5. Une personne a acheté une demi-douzaine de mouchoirs pour 12 francs. Combien coûte le mouchoir ?

6. Un ouvrier a fait 48 mètres d'ouvrage dans une semaine. Combien a-t-il fait de mètres par jour s'il s'est reposé le dimanche ?

7. Un voyageur a franchi une distance de 56 kilomètres en 8 heures. Combien fait-il de kilomètres par heure ? Combien en ferait-il en 10 heures ?

8. Léon a 54 francs à la caisse d'épargne. Son petit frère Jules a 6 fois moins que lui. Combien Jules possède-t-il ?

9. Un sou valant 5 centimes, combien y a-t-il de sous dans 45 centimes ? dans 20 centimes ?

10. Un cheval a mangé en 8 jours 64 kilogrammes de foin, 40 kilogrammes de paille et 48 kilogrammes d'avoine. Quelle quantité de chacun de ces aliments ce cheval mange-t-il par jour ?

11. Une fermière vend au marché 7 poulets pour 21 francs et 7 dindons pour 49 francs. Combien a-t-elle vendu chaque poulet et chaque dindon ? Combien aurait-elle reçu en tout si elle n'avait vendu qu'un poulet et un dindon ?

12. On a acheté 16 douzaines d'œufs pour 16 francs. Combien aurait-on payé pour une douzaine ? pour 9 douzaines ? pour 25 douzaines ?

13. Une personne a acheté 7 mètres de toile pour 28 francs. Combien aurait-elle payé si elle en avait acheté 11 mètres ?

14. Un ouvrier gagne 5 francs par jour. Combien devra-t-il travailler de jours pour gagner 250 francs ?

15. On partage 72 noisettes et 48 billes entre 8 enfants. Combien chaque enfant aura-t-il de billes ? de noisettes ?

16. Un ouvrier a acheté une veste de 8 francs, un pantalon de 15 francs et un gilet de 5 francs avec le produit de 7 jours de travail. Combien gagnait-il par jour ?

17. Combien aurait-on de mètres de toile avec 300 francs si le mètre de cette toile coûte 3 francs ? Combien coûteraient 40 mètres ?

18. J'ai acheté 7 bouteilles de vin de Champagne pour 35 francs, 30 bouteilles de vin de Mâcon pour 60 francs et 200 bouteilles de vin de Bordeaux pour 200 francs. Quel est le prix d'une bouteille de chaque vin ?

19. On a partagé également 85 billes entre 9 enfants. Combien chacun en a-t-il eu ? Combien en reste-t-il ?

20. Un enfant a reçu 80 bons points dans un mois de 20 jours de classe. Combien en a-t-il reçu par jour en moyenne ?

PROBLÈMES ÉCRITS

SUR LA DIVISION

1. Une somme de 70440 francs se compose de pièces de 5 francs. Combien y a-t-il de pièces ?

2. On a acheté 12 mètres d'étoffe pour 156 francs. Quel est le prix du mètre ?

3. On a eu 85 kilogrammes d'une marchandise pour 510 francs. Quel est le prix du kilogramme ? Quelle quantité aurait-on pu avoir pour 732 francs ?

4. Si 37 hectolitres de vin coûtent 1 146 francs, quel est le prix de l'hectolitre ?

5. Un enfant prodigue a dépensé inutilement 1 fr. 20 en 4 jours. Combien a-t-il dépensé par jour en moyenne ?

6. Un ouvrier imprévoyant dépense inutilement 390 francs par an. Combien perd-il ainsi par semaine ? par mois ?

7. Une pièce de drap a coûté 532 francs à raison de 14 francs le mètre. Combien contient-elle de mètres ?

8. Un marchand de bois a livré dans une année 3 721 stères de bois et a reçu 48 373 francs. Combien vendait-il le stère de ce bois ?

9. Une fontaine qui verse 36 litres d'eau par minute a rempli un bassin de 2 620 litres. Combien a-t-elle mis de temps ?

10. Un jardin de 64 ares a été acheté pour 2 304 francs. Combien a-t-on payé l'are ? Si on a revendu ce jardin pour 2 464 francs, combien a-t-on revendu l'are ?

11. On a partagé une somme de 1 971 francs entre 36 familles pauvres. Trouver en francs et en centimes la part de chaque famille.

12. Une presse a imprimé 14 400 journaux dans une heure. Combien cela fait-il de journaux par minute ?

13. La France, qui est divisée en 86 départements, compte 38 218 803 habitants. Combien y a-t-il d'habitants en moyenne par département ?

14. Un employé gagne 2 500 francs par an. Combien gagne-t-il ainsi par mois ? par semaine ? par jour ?

15. Une bonbonne d'une contenance de 15 litres peut contenir 12 kg. 300 d'huile. Quel est le poids d'un litre de cette huile ?

16. Un marchand de vins a vendu 12 pièces de vin de 228 litres chacune pour 1 368 francs. A combien revient la pièce ? le litre ?

17. Pour 18 semaines de chacune 6 journées de travail, un ouvrier a reçu 486 francs. Combien gagne-t-il par semaine ? par jour ?

18. Une famille composée de 5 personnes mange annuellement 1 240 kilogrammes de pain, 248 kg. 5 de viande et boit 1 350 litres de vin. Quelle est la consommation moyenne de la famille par jour ? la consommation moyenne d'une personne par jour ?

19. On a distribué à une compagnie de 132 soldats 48 kilogrammes de viande, 118 kilogrammes de pain et 4 kg. 650 de café. Quelle est la ration de chaque soldat en pain, en viande et en café ?

20. On a acheté une prairie de 3 ha. 85 pour 12 860 francs. Quel est le prix de l'hectare de cette prairie ? Quelle étendue aurait-on pu avoir pour 50 000 francs ?

21. Une personne économise 25 francs par mois. Combien lui faudrait-il : 1° de mois ; 2° d'années, pour économiser 7 800 francs ?

22. Un marchand a acheté pour 217 francs de drap et 92 fr. 50 de velours. Combien a-t-il acheté de mètres de chaque étoffe si le mètre de drap coûte 8 fr. 75 et celui de velours 12 fr. 50 ?

23. Un livre contient 356 640 lettres. Combien renferme-t-il de lignes si chacune est composée de 37 lettres en moyenne ? Combien de pages s'il y a 45 lignes par page ?

24. On a acheté 73 a. 50 de vigne pour 6 954 francs et 35 a. 8 de pré pour 2 400 francs. Quel est le prix d'un hectare de vigne ? d'un hectare de pré ?

25. Un épicier a reçu 35 caisses de chocolat de chacune 12 kg. 5 pour 780 francs et 18 caisses de sucre de chacune 9 kg. 75 pour 170 francs. Trouver le prix : 1° d'une caisse de chocolat ? d'un kilogramme de chocolat ? 2° d'une caisse de sucre ? d'un kilogramme de sucre ?

PROBLÈMES

SUR LES QUATRE OPÉRATIONS.

---

1. J'ai acheté 12 mètres d'étoffe; j'ai donné 100 francs et le marchand m'a rendu 10 francs. Combien coûte le mètre de cette étoffe?

2. Un épicier a acheté 235 kilogrammes d'huile pour 500 francs. Quel est son bénéfice total s'il revend le kilogramme 2 fr. 80?

3. J'ai acheté 12 pièces de vin pour 1 000 francs; j'ai payé en outre 135 francs de transport et 330 francs de droits. A combien me revient la pièce de ce vin?

4. On a acheté 3 champs pour 8 634 francs. Le 1er vaut la moitié de cette somme, le 2° 2 125 francs de moins et le 3° le reste. Quelle est la valeur de chacun?

5. Un marchand a acheté 145 kilogrammes de marchandises pour 150 francs. Quel bénéfice réalisera-t-il s'il revend le kilogramme 1 fr. 45?

6. Un employé, qui gagne 2 400 francs par an, a pu placer 500 francs à la caisse d'épargne. Quelle est sa dépense journalière?

7. Un ouvrier avait 85 m. 50 d'ouvrage à faire, pour lesquels il devait recevoir 125 francs. N'ayant fait que 63 m. 40 de cet ouvrage, combien doit-il recevoir?

8. Un marchand de bois a fourni pour 145 francs 2 tas de bois à raison de 12 fr. 50 le stère. L'un de ces tas ayant un volume de 6 st. 4, quel est le volume de l'autre?

9. Une caisse de savon pèse vide 1 kg. 45, et pleine, 17 kg. 8. Quel est le prix du savon qu'elle contient à 0 fr. 80 le kilogramme?

10. Un cultivateur a vendu 45 hectolitres de blé à 23 fr. 50 l'hectolitre et 20 hl. 5 d'avoine à 19 fr. 70 l'hectolitre. Quelle somme a-t-il reçue?

11. Une douzaine de couteaux vaut 15 francs. Combien paierait-on pour 9 de ces couteaux?

12. Deux ouvriers ont fait ensemble 107 mètres d'ouvrage.

Le 1er qui a travaillé pendant 7 jours en faisait 8 m. 50 par jour. Combien le deuxième en a-t-il fait?

— 13. J'ai acheté 7 m. 25 de drap à 4 fr. 60 le mètre, que j'ai revendu 5 fr. 30. Quel bénéfice ai-je réalisé : 1° par mètre? 2° sur le tout?

— 14. Deux frères ont reçu ensemble une somme de 13 fr. 85. L'aîné a reçu 3 fr. 65 de plus que l'autre. Quelle est la part de chacun?

— 15. Un joueur est entré au jeu avec 150 francs. Il a d'abord perdu 48 francs, puis la moitié de ce qui lui restait. Combien a-t-il perdu en tout? Combien lui reste-t-il maintenant?

— 16. J'achète une pièce de vin de 2 hl. 25 à 45 francs l'hectolitre. Je paye en outre 5 fr. 40 de transport et 12 fr. 40 de droits à la régie. A combien me revient cette pièce de vin?

17. Une fermière a vendu 135 œufs à 0 fr. 80 la douzaine. Quelle somme a-t-elle reçue?

— 18. Un marchand de charbons achète 18 sacs de charbon de bois pour 75 francs. Il veut gagner 30 francs sur le tout. Combien revendra-t-il chaque sac?

— 19. Une cuisinière a acheté au marché 5 poulets à 5 francs la paire. Elle donne en paiement une pièce de 20 francs. Combien doit-on lui rendre?

— 20. Il y avait 245 litres de vin dans un tonneau. J'en ai retiré 7 seaux contenant chacun 12 l. 5. Combien reste-t-il de litres de vin dans ce tonneau?

— 21. J'avais acheté une maison pour 17 000 francs. J'y ai fait faire les réparations suivantes; maçonnerie : 1 435 francs; serrurerie : 328 fr. 50; menuiserie : 576 fr. 85, et couverture 189 fr. 60. Je l'ai revendue 22 000 francs. Quelle somme ai-je gagnée?

— 22. Pour faire un vêtement d'homme, on a employé 8 m. 5 d'étoffe à 4 fr. 60 le mètre, des fournitures diverses pour 4 fr. 50, 6 m. 15 de doublure à 2 fr. 40 le mètre, et la façon coûte 15 francs. A combien revient ce vêtement?

— 23. Léon possède 72 fr. 60 à la caisse d'épargne; son frère possède 3 fois moins; combien possèdent-ils à eux deux?

— 24. Un employé a un traitement annuel de 2 800 francs; on

lui retient 116 francs pour la caisse des retraites. Que lui
reste-t-il à dépenser par mois?

25. Une pièce d'étoffe contenait 68 mètres; on en a vendu
37 m. 15 à 6 fr. 40 le mètre et le reste à 5 fr. 80. Quelle
somme a produite la vente de la pièce d'étoffe?

26. Un ouvrier gagne 4 fr. 50 par jour et dépense 3 fr. 75.
Dans combien de temps aura-t-il amassé une économie de
90 francs?

27. Un fermier a acheté 4 chevaux et 6 bœufs pour une
somme totale de 4 440 francs. Un cheval coûtant 750 francs,
quel est le prix d'un bœuf?

28. Un faïencier avait acheté 500 assiettes pour 100 francs.
Dans le voyage, 18 ont été cassées. Il revend 0 fr. 30 chacune de celles qui restent. Quel sera son bénéfice?

29. Pour faire de la boisson, une personne a acheté
5 kilogrammes de raisin sec à 0 fr. 40 le kilogramme, 2 kg. 5
de pommes tapées à 0 fr. 70 le kilogramme et 0 kg. 8 de
genièvre à 0 fr. 55 le kilogramme. Cette personne ayant mis
100 litres d'eau dans son tonneau, à combien lui revient le
litre de cette boisson?

30. Un ouvrier qui gagne 4 fr. 20 par jour a reçu deux
acomptes pour son travail : l'un de 40 francs et l'autre de
65 francs. Combien a-t-il travaillé de jours?

31. Deux trains de chemin de fer partent en même temps
de deux villes distantes de 1 079 kilomètres et vont à la rencontre l'un de l'autre. Dans combien de temps se rencontre-
ront-ils si le 1er fait 45 kilomètres par heure et le 2e 38 kilomètres?

32. Un industriel a acheté pour 3 600 francs de charbon
de terre à raison de 45 francs les 1 000 kilogrammes. Combien en aura-t-il de kilogrammes?

33. Une fermière vend 7 fromages à 1 fr. 35 l'un, 12 livres
de beurre à 1 fr. 40 la livre et 15 douzaines d'œufs à 0 fr. 75
la douzaine. Combien doit-elle recevoir?

34. Une personne a acheté dans un magasin 7 m. 25
d'étoffe à 6 fr. 90 le mètre. Elle donne en paiement 3 pièces
de 20 francs. Combien doit-on lui rendre?

35. Pour tapisser une chambre, on a employé 18 rouleaux

de papier à 1 fr. 45 le rouleau et 6 rouleaux de bordure à 1 fr. 80 l'un. Combien a-t-on dépensé en tout?

36. On a acheté un tapis à raison de 7 fr. 45 le mètre et pour le payer on a donné 4 pièces de 20 francs, 1 pièce de 5 francs, 2 pièces de 2 francs et 4 pièces de 0 fr. 10. Quelle est la surface de ce tapis?

37. Un employé dépense 57 fr. 60 par mois pour sa nourriture, 3 fr. 50 pour son loyer par semaine et 150 francs par an pour son entretien. Sachant qu'il économise annuellement 395 fr. 40, trouver son gain annuel.

38. Deux cultivateurs font un échange : le 1er donne au 2e 38 hl. 5 d'avoine à 18 francs l'hectolitre et le 2e donne au 1er 24 hectolitres de blé à 21 fr. 50 l'hectolitre. Quel est celui des deux qui redoit à l'autre et combien?

39. On veut clore un jardin qui a 38 m. 50 de long et 18 m. 75 de large avec une palissade qui coûte 4 fr. 80 le mètre. A combien s'élèvera la dépense?

40. 35 sacs de blé ont coûté 695 francs. Combien gagne-t-on par sac en le revendant 21 fr. 40?

41. Un réservoir contenait 735 litres d'eau. Un robinet y a coulé pendant 35 minutes à raison de 45 litres par minute. Combien ce réservoir contient-il maintenant de litres d'eau?

42. Avec 8 kilogrammes de café vert, on obtient 7 kilogrammes de café torréfié. Quelle quantité de café torréfié obtiendra-t-on avec 72 kilogrammes de café vert?

43. Une pièce de toile de 35 mètres est estimée 435 francs. Combien paierait-on pour 28 m. 40 de cette étoffe?

44. Une pièce de 5 francs en argent pesant 25 grammes, combien y a-t-il de ces pièces dans une somme qui pèse 7 250 grammes?

45. Deux ouvriers ont gagné ensemble 145 fr. 60. Le 1er a gagné 17 fr. 80 de plus que l'autre. Combien chacun a-t-il gagné?

46. Une fermière a vendu 145 petits fromages à raison de 3 fr. 60 la douzaine. Quelle somme a-t-elle dû recevoir?

47. Pour confectionner une chemise, on a employé 2 m. 50 de toile à 1 fr. 60 le mètre. La façon coûte 1 fr. 75 par chemise. Que coûterait une douzaine de chemises?

48. Une pièce de vin contenait 225 litres; on en a tiré 180 bouteilles de chacune 0 lit. 75. Combien de litres reste-t-il dans ce tonneau?

49. Un ouvrier gagnant 3 fr. 75 par jour se repose 62 jours par an. Quelle somme gagne-t-il annuellement? Combien lui reste-t-il s'il dépense 2 fr. 25 par jour?

50. On a échangé 135 m. 5 de drap à 8 fr. 60 le mètre contre du velours qui vaut 12 fr. 90 le mètre. Combien a-t-on reçu de mètres de velours?

51. On a acheté 8 douzaines d'œufs pour 13 fr. 60. Dans le transport, 7 se sont trouvés cassés. Quel bénéfice réalisera-t-on si on les revend 0 fr. 15 pièce?

52. Combien paiera-t-on pour un terrain de 47 m. 50 de long sur 28 m. 40 de large, à raison de 0 fr. 65 le mètre carré?

53. Un négociant avait acheté 13 pièces de vin pour 1 200 francs. Il en a vendu 7 à 110 francs et les autres à 105 francs. Combien a-t-il reçu en tout? combien a-t-il gagné?

54. On a acheté 17 pièces d'étoffe de 45 mètres chacune à 6 fr. 70 le mètre. On a donné en paiement 4 000 francs. Que doit-on encore?

55. Une fruitière achète 7 douzaines de pêches à 2 fr. 20 la douzaine. Elle les revend à 0 fr. 30 la pièce. Quel bénéfice total réalisera-t-elle?

56. Une fontaine donne 100 litres d'eau en 5 minutes. Combien lui faudra-t-il de temps pour emplir deux bassins, l'un de 755 litres et l'autre de 645 litres?

57. Un fermier a vendu 37 hectolitres de blé à 25 francs l'hectolitre, et avec le produit de cette vente il a acheté du vin qui coûte 42 francs l'hectolitre. Combien a-t-il d'hectolitres de vin?

58. Un marchand grainetier a acheté 18 hl. 5 de grains pour 452 francs. Il a payé 15 francs de transport. Combien doit-il revendre l'hectolitre pour gagner 50 francs sur le tout?

59. Deux ouvriers travaillant ensemble ont travaillé : le 1er pendant 9 jours et le 2e pendant 6 jours. Sachant qu'ils ont reçu en tout 75 francs, trouver ce qui revient à chacun.

60. Un cultivateur a récolté 4 725 kilogrammes de blé. L'hectolitre de blé pesant 75 kilogrammes, quelle est la récolte en hectolitres? Combien recevra-t-il en vendant l'hectolitre de ce blé 23 fr. 50?

61. En revendant 15 kg. 4 de sucre pour 18 fr. 80, on gagne 6 fr. 48. Combien coûtait le kilogramme de sucre?

62. Un cultivateur devait 420 fr. 60; il s'est acquitté en donnant 12 hectolitres de blé à 22 fr. 50 l'hectolitre et le reste en argent. Quelle somme a-t-il donnée en argent?

63. Une mère de famille achète dans un magasin de nouveautés 6 m. 50 de drap à 4 fr. 80 le mètre, 8 m. 35 de velours à 8 fr. 48 le mètre et 7 m. 10 de soie à 6 fr. 30 le mètre. Comme elle paie comptant, on lui rabat 12 francs. Combien paiera-t-elle?

64. On a planté dans un verger 32 rangées de chacune 24 arbres. Quelle est la dépense, sachant que pour chaque arbre, on paye 1 fr. 20 d'achat et 0 fr. 75 de frais de plantation.

65. Une pièce de vin de 224 litres a été achetée à raison de 0 fr. 45 le litre; on a payé en outre 15 fr. 35 de droits et 6 fr. 65 de transport. A combien revient cette pièce de vin?

66. A combien revient le litre de vin acheté ci-dessus?

67. Pour faire une chemise, une couturière emploie 2 m. 50 de toile à 1 fr. 60 le mètre et demande 1 fr. 50 pour la façon. A combien revient une douzaine de chemises?

68. Un train de chemin de fer parcourt 432 kilomètres en 12 heures. Combien mettra-t-il d'heures pour parcourir 360 kilomètres?

69. Un marchand a acheté 3 pièces d'étoffe de chacune 32 m. 50 à 1 fr. 80 le mètre. Sachant qu'il revend cette étoffe à 2 fr. 20 le mètre, trouver son bénéfice : 1° par mètre; 2° par pièce; 3° sur les 3 pièces.

70. 8 douzaines d'œufs ont été achetées 10 fr. 20 et ont été revendues avec un bénéfice de 3 fr. 80. A quel prix a-t-on revendu chaque douzaine?

71. Combien paiera-t-on pour la peinture des 4 murs d'une salle qui ont chacun 6 m. 80 de long sur 3 m. 20 de haut à 0 fr. 75 le mètre carré?

72. Pour payer 7 ouvriers, il faut 31 fr. 50 par jour. Combien faudrait-il par semaine de 6 jours de travail, s'il y avait 3 ouvriers de plus?

73. Le blé valant 32 francs les 100 kilogrammes, que paiera-t-on pour 24 sacs de chacun 75 kilogrammes?

74. Une pièce de vin de 2 hl. 25 a été achetée à raison de 44 francs l'hectolitre. On a payé en outre 28 fr. 50 pour le transport et les droits de régie. Si l'on veut gagner 22 fr. 70, combien revendra-t-on : 1° la pièce? 2° le litre?

75. Un tonneau contenait 250 litres de vin. On tire chaque jour 2 l. 5 de ce tonneau. Quelle sera dans 25 jours la valeur du vin qui restera à raison de 0 fr. 65 le litre?

76. Sachant qu'il faut 75 kilogrammes de farine pour faire 100 kilogrammes de pain, trouver la quantité de farine nécessaire pour fournir les 840 kilogrammes de pain que consomme une famille annuellement.

77. Un libraire achète 7 douzaines de volumes qu'il paye 10 francs la douzaine. Il revend chaque volume 1 fr. 40. Quel bénéfice aura-t-il réalisé quand il aura vendu le tout?

78. Deux personnes ont acheté du drap pour une somme totale de 108 fr. 90. La 1re en a eu 5 mètres et la 2e 4 mètres. Combien coûte le mètre de ce drap? Combien chaque personne doit-elle payer?

79. Un marchand de faïence achète 72 assiettes à 18 francs le cent et il les revend à 3 francs la douzaine. Quel est son bénéfice : 1° sur une assiette? 2° sur une douzaine? 3° sur le tout?

80. Une personne achète dans un magasin 8 mètres de drap et elle donne un billet de 100 francs. Trouver le prix du mètre de ce drap, sachant qu'on a rendu 29 fr. 60 à cette personne.

81. Pour faire une robe, il a fallu 12 mètres d'étoffe à 4 fr. 80 le mètre, 6 m. 50 de doublure à 1 fr. 70 le mètre; pour 3 fr. 95 de fournitures diverses, et la couturière demande 22 francs pour la façon. A combien revient cette robe?

82. Un coutelier a acheté 6 douzaines de couteaux à 15 fr. 40 la douzaine. Que gagne-t-il : 1° sur une douzaine; 2° sur le tout en revendant chaque couteau 1 fr. 45?

83. La somme de deux nombres est 538 220 et le plus grand surpasse le plus petit de 6 114. Quels sont ces deux nombres ?

84. La différence entre deux nombres est 788. Le plus grand est 13 385. Quelle est la somme de ces deux nombres ?

85. Trouver la somme de deux nombres dont le plus petit est 74,5 et le quotient exact du plus grand par le plus petit 8,7.

86. Une propriété composée de 38 a. 25 de pré, 74 a. 54 de vigne et 19 a. 36 de bois a été vendue en totalité au prix moyen de 106 fr. 80 l'are. Combien cette propriété a-t-elle été vendue ?

87. En revendant un pain de sucre de 9 kg. 5 pour 14 fr. 80, on a gagné 0 fr. 32 par kilogramme. Combien avait-on payé le kilogramme de ce sucre ?

88. Avec 200 francs, on a acheté 13 m. 60 de velours et le marchand a rendu 21 fr. 80. Quel prix a-t-on payé le mètre de ce velours ?

89. J'ai revendu 35 hectolitres de blé pour 836 fr. 50 et j'ai ainsi réalisé un bénéfice de 3 fr. 80 par hectolitre. Combien avais-je payé l'hectolitre de ce blé ?

90. Quelle dépense a faite un boucher qui pour sa semaine a acheté 2 bœufs à 725 francs l'un, 8 veaux à 132 francs 50 chacun et 25 moutons à 32 francs pièce. Quel bénéfice brut a-t-il réalisé si sa recette a été de 5 600 francs pendant cette semaine ?

91. Un marchand a acheté 18 pièces de ruban de 4 m. 50 chacune à 1 fr. 20 la pièce. Il revend ce ruban à 0 fr. 35 le mètre. Quel bénéfice réalisera-t-on sur la vente des 18 pièces ?

92. On a acheté 8 caisses d'oranges qui en contiennent chacune 3 douzaines. On veut mettre ces oranges dans des petites boîtes qui en contiennent 9 chacune. Combien faudra-t-il de ces petites boîtes ? Quelle somme totale recevra-t-on en vendant chaque boîte 1 franc ?

93. Pour une semaine de 6 jours de travail, un ouvrier a reçu 27 francs. Combien faudrait-il qu'il travaillât de jours pour gagner de quoi acheter une pièce de vin de 2 hl. 4 à 45 francs l'hectolitre ?

94. Pour nourrir 4 chevaux pendant un mois, il a fallu 450 kilogrammes de foin à 0 fr. 08 le kilogramme ; 34 décalitres d'avoine à 1 fr. 40 le décalitre et 12 quintaux de paille à 6 fr. 20 le quintal. Combien coûte par mois la nourriture d'un cheval ?

95. Un ouvrier gagne 0 fr. 60 de l'heure et travaille 10 heures par jour. Combien a-t-il dû travailler pour gagner 870 francs ?

96. Un fermier a acheté 125 moutons pour 3 450 francs ; mais 14 sont morts de maladie depuis cette acquisition. Combien devra-t-il revendre chacun de ceux qui lui restent pour réaliser un bénéfice total de 300 francs ?

97. Partager 6 340 francs entre deux personnes, de manière que l'une ait 180 francs de plus que l'autre.

98. On entoure un jardin rectangulaire de 74 mètres de long sur 28 m. 50 de large d'un triple rang de fil de fer. Quelle longueur de fil faudra-t-il ? Quelle sera la dépense si le mètre de ce fil coûte 0 fr. 008 ?

99. Sur une facture de 695 francs, un marchand fait une remise de 5 francs pour 100 francs. Quelle somme doit-on payer ?

100. Partager 5 130 francs entre 3 personnes de manière que sur 12 francs la 1re ait 5 francs, la 2e 4 francs et la 3e le reste.

SYSTÈME MÉTRIQUE

SYSTÈME MÉTRIQUE

CHAPITRE PREMIER

Notions générales.

1. Le **système métrique** est l'ensemble des poids et mesures dont l'usage est autorisé par la loi en France.

2. Nous voulons, par exemple, mesurer la longueur d'un banc. Nous portons sur ce banc et autant de fois que possible, le mètre. Si on peut porter exactement quatre fois le mètre sur le banc, on dit que ce dernier a 4 mètres de longueur.

Le mètre sert donc à mesurer les longueurs : c'est pourquoi on l'appelle *l'unité de longueur*.

3. On peut avoir à mesurer autre chose que des longueurs : par exemple, la capacité d'un bassin, le poids d'un sac de blé. C'est pourquoi le système métrique renferme plusieurs espèces d'unités.

4. Il y a six unités principales qui sont :

Le mètre, qui sert à mesurer les *longueurs* (longueur d'un banc).

Le litre, qui sert à mesurer les *capacités* (capacité d'un bassin).

Le gramme, qui sert à mesurer les *poids* (poids d'un sac de blé).

Le franc, qui sert à évaluer les sommes d'argent.

Le mètre carré, qui sert à mesurer les surfaces (surface d'un plancher).

Le mètre cube qui sert à mesurer les volumes (volume d'un tas de pierres).

5. **MULTIPLES ET SOUS-MULTIPLES.** — Pour mesurer la longueur d'une route, on ne peut se servir du mètre. L'opération serait trop longue. On prend une mesure qui est dix fois plus grande que le mètre et qu'on appelle *décamètre*.

De même pour mesurer la longueur d'un crayon, on se sert d'une mesure qui est dix fois plus petite qu'un mètre et qu'on appelle *décimètre*.

Le décamètre est un *multiple* du mètre, le décimètre en est un *sous-multiple*.

Les unités principales du système métrique ont toutes des multiples ou des sous-multiples.

6. **FORMATION DES MULTIPLES ET DES SOUS-MULTIPLES.** — Pour énoncer les multiples, on se sert des mots suivants, qu'on place avant l'unité principale :

Déca	qui veut dire	dix.
Hecto	—	cent.
Kilo	—	mille.
Myria	—	dix mille.

Par exemple le *décamètre* vaut 10 mètres; l'*hectolitre* vaut 100 litres.

Pour les sous-multiples, on emploie les mots :

Déci	qui veut dire	dixième.
Centi	---	centième.
Milli	—	millième.

Ainsi le *décimètre* est la dixième partie du mètre ; le *centigramme* est la centième partie du gramme.

7. MESURES RÉELLES, MESURES FICTIVES. — Certaines mesures sont représentées par des objets ; on peut les voir, les saisir. Ce sont les mesures *effectives* ou *réelles*.

D'autres mesures ne sont pas représentées par des objets ; elles servent surtout dans les calculs. Ce sont les mesures *fictives*.

Le mètre est une mesure réelle ; l'hectomètre est une mesure fictive.

EXERCICES ORAUX

1. Comment se nomme le multiple qui vaut : 1° 10 unités ? 2° 100 unités ? 3° 1 000 unités ? 4° 10 000 unités ?

2. Comment se nomme le multiple qui occupe le rang : 1° des centaines ? 2° des dizaines de mille ? 3° des dizaines ? 4° des unités de mille ?

3. Combien faut-il d'unités pour écrire : 1° un hecto ? 2° un myria ? 3° un déca ? un kilo ?

4. Que signifient les mots déci ? centi ? milli ? Combien l'unité vaut-elle de déci ? de centi ? de milli ?

5. Combien faut-il de décimes pour faire un franc ? deux francs ? trois francs ?

6. Combien faut-il de centimes pour faire : 1° un décime ? 2° deux décimes ? 3° quatre décimes ?

7. Combien coûtent 10 timbres de 15 centimes ? Combien aura-t-on de ces timbres pour 3 francs ?

8. Combien 4 mètres font-ils : 1° de décimètres ? 2° de centimètres ? 3° de millimètres ?

9. Combien la moitié du mètre vaut-elle de décimètres? de centimètres?

10. Combien la moitié du litre vaut-elle de décilitres? de centilitres?

11. Combien coûteront 10 crayons à 5 centimes la pièce?

12. Combien de décimes dans la pièce de 50 centimes?

13. Combien faut-il ajouter de centimes à 8 décimes pour faire un franc?

14. Fernand a dans sa bourse 15 pièces de 10 centimes; il les échange contre deux pièces d'argent. Quelles sont ces pièces?

15. Une fermière a vendu au marché 25 litres de lait à 20 centimes le litre. Quelle somme a-t-elle retirée de cette vente?

16. La pièce d'un centime pèse 1 gramme. Combien pèseront ensemble 4 pièces de 10 centimes et 5 pièces de 5 centimes?

17. Combien y a-t-il de millimètres dans 5 centimètres? dans 4 décimètres?

18. Une personne qui rencontre 10 pauvres, donne 15 centimes à chacun. Que lui reste-t-il d'une pièce de 2 francs qu'elle avait?

CHAPITRE II

Mesures de longueur.

8. LE MÈTRE. — L'unité de longueur est le *mètre*.

Nous savons que la terre a la forme d'une énorme boule. Le tour de la terre mesure 40 millions de mètres (fig. 1).

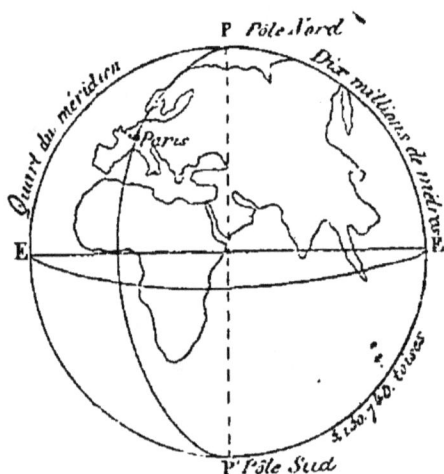

Fig. 1.

9. MULTIPLES ET SOUS-MULTIPLES DU MÈTRE. — Les multiples du mètre sont :

le *décamètre* qui vaut	10	mètres
l' *hectomètre* —	100	—
le *kilomètre* —	1 000	—
le *myriamètre* —	10 000	—

Les sous-multiples sont :

le *décimètre* qui vaut la dixième partie du mètre

le *centimètre* qui vaut la centième partie du mètre

le *millimètre*   —   millième   —

10. MESURES RÉELLES. — Les mesures réelles de longueur sont :

le *double décamètre* qui vaut 20 mètres

le *décamètre*   —   10   —

le *demi-décamètre*   —   5   —

le *double mètre*   —   2   —

le *mètre*

le *demi-mètre*   — la moitié du mètre

le *double décimètre*   — le cinquième —

le *décimètre*   — le dixième   —

11. FORMES ET USAGES DE CES MESURES.

— Le *mètre* est une règle plate ou carrée, en bois dur pour les marchands d'étoffe. Il est pliant et en bois pour les menuisiers (fig. 2); en ruban pour les tailleurs.

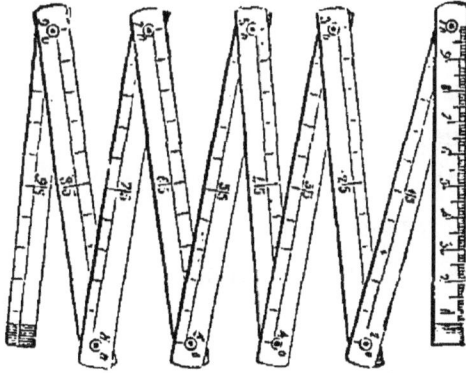

Fig. 2.

Le *double mètre* et le *demi-mètre* ont la même forme que le mètre. Ils sont peu employés.

Le *double décimètre* et le *décimètre* (fig. 3) sont des règles plates en bois divisées en centimètres. Ils servent pour le dessin.

Fig. 3.

Le *décamètre* est une chaîne formée de 50 tiges de fer réunies entre elles par des anneaux. Chaque

tige avec l'anneau suivant vaut un double décimètre (fig. 4). Le décamètre a parfois la forme d'un ruban (fig. 5).

Il sert à arpenter. On l'appelle *chaîne d'arpenteur*.

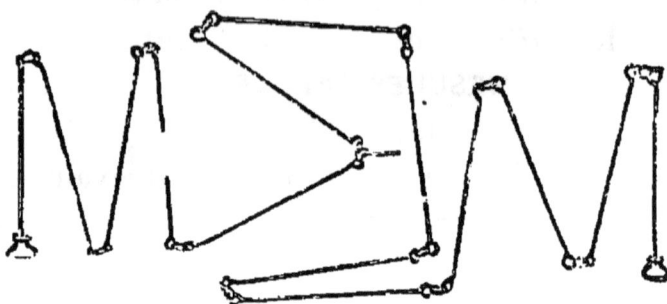

Fig. 4.

Le *double décamètre* et le *demi-décamètre* ont la même forme.

Fig. 5.

12. MESURES ITINÉRAIRES. — Ces mesures servent à compter les grandes distances sur les routes. Ce sont des mesures fictives.

L'unité des mesures itinéraires est le *kilomètre*, qui vaut 1 000 mètres.

Les kilomètres sont indiqués le long des routes par des *bornes kilométriques* (fig. 6).

Entre deux bornes kilométriques qui se suivent, on place des bornes plus petites qui marquent les *hecto-mètres*.

13. LECTURE ET ÉCRITURE DES NOMBRES EXPRIMANT DES LON-GUEURS. — Supposons que la longueur d'un mur, mesurée avec le décamètre, nous donne 2 décamètres 6 mètres 7 dé-cimètres. Nous voulons exprimer cette longueur en mètres.

Fig. 6.

Nous savons que le décamètre vaut 10 mètres ;

nous placerons donc le chiffre qui exprime des décamètres à gauche de celui qui exprime des mètres, d'après le principe de la numération écrite; de même, nous placerons le chiffre qui exprime des décimètres ou dixièmes de mètre, à droite de celui qui exprime des mètres. Nous mettrons une virgule pour séparer les unités des dixièmes, c'est-à-dire les mètres des décimètres. Le nombre en question s'écrira donc 26 m. 7 dm., (m. veut dire mètre; dm. décimètre).

RÈGLE. — Pour écrire un nombre exprimant une longueur, on place le chiffre qui exprime des décamètres à gauche de celui qui exprime des mètres, le chiffre des hectomètres à gauche de celui des décamètres, etc., le chiffre qui exprime des décimètres à droite de celui qui exprime des mètres, etc.

On sépare les mètres des décimètres par une virgule.

La lecture n'offre plus de difficulté, puisque nous savons que le premier chiffre à gauche représente des décamètres, le premier chiffre à droite des décimètres, etc.

Ex. : Le nombre 36 m. 54

se lira 36 mètres 54 centimètres.

14. CHANGEMENT D'UNITÉ. — Il arrive souvent dans les problèmes qu'on a besoin d'exprimer un nombre de mètres en décamètres, en décimètres, etc.

Soit à exprimer le nombre 365 mètres en décamètres.

Dans 365 mètres, il y a, d'après la numération des nombres entiers :

36 dizaines de mètres et 5 mètres.

ou   36 décamètres et 5 mètres.

Donc 365 mètres font 36 Dm. 5 m.

Dm. veut dire décamètre.

De même ;

> 34 mètres 6 font 346 décimètres :
> 25 mètres font 2 500 centimètres.

RÈGLE. — Pour convertir un nombre de mètres en décamètres, hectomètres, décimètres, centimètres, etc., on déplace la virgule ou on ajoute des zéros de manière que le dernier chiffre entier à droite soit celui qui exprimait des décamètres, des hectomètres, etc., dans le nombre primitif.

EXERCICES

SUR LES MESURES DE LONGUEUR

EXERCICES ORAUX

1. Comment s'appelle une mesure : 1º de 1 000 mètres? 2º de 10 mètres? 3º de 100 mètres? 4º de 10 000 mètres?

2. Combien faut-il de mètres pour faire : 1º un hectomètre? 2º un kilomètre? 3º un décamètre? 4º un myriamètre?

3. Quel rang occupent : 1º les hectomètres? 2º les myriamètres? 3º les décamètres? 4º les kilomètres?

4. Comment se nomme : 1º la dixième partie du mètre? la centième partie? la millième partie?

5. Combien le mètre vaut-il : 1º de centimètres? 2º de millimètres? 3º de décimètres?

6. Quel est le sous-multiple qui s'écrit : 1º au rang des centièmes? 2º au rang des millièmes? 3º au rang des dixièmes?

7. Combien de mètres dans : 5 hectom.? 5 décam.?

3 kilom.? 14 hectom.? 12 décam.? 6 kilom.? 8 hectom.?
28 décam?

8. Combien y a-t-il de décamètres dans : 6 hectom.?
3 kilom.? 26 hectom.? 38 kilom.?

9. Combien d'hectomètres dans : 5 kilom.? 25 kilom.?
5 myriam.? 33 myriam.?

10. Combien de centimètres dans 5 mètres? 48 mètres?
dans 7 décimètres? dans 5 décamètres?

11. Combien de décimètres dans 5 mètres? 17 mètres?
38 centimètres? 528 millimètres?

12. Combien de kilomètres dans : 4 350 mètres? 2 500 décamètres? 35 hectomètres? 17 858 mètres?

13. Dans le nombre 58 963 mètres, combien y a-t-il :
1° de kilomètres? 2° d'hectomètres? 3° de myriamètres? 4° de
décamètres?

14. Dans le nombre 58 mètres combien y a-t-il : 1° de kilomètres? 2° de centimètres? 3° de décimètres? 4° de millimètres?

EXERCICES ÉCRITS

1. Écrire en mètres :
7 hectom.; 12 hectom.; 48 décam.; 6 myriam.; 4 kilom. et
5 hectom.; 8 kilom. et 4 décam.; 6 hectom. et 3 décam.;
6 kilom. et 9 décam.; 9 kilom. et 15 mètres; 5 kilom.,
4 hectom. et 9 mètres; 12 kilom., 5 hectom. et 6 mètres.

2. Écrire en chiffres en prenant le mètre pour unité :
4 m. 8 décim.; 18 m. 5 décim.; 12 m. 6 centim.; 2 m. 15 cent.,
24 m. 9 centim.; 2 m. 285 millim.; 17 m. 38 millim.; 25 m.
6 millim.

3. Avant de les additionner, transformer en chiffres les
nombres suivants : 1° en décamètres; 2° en kilomètres; 3° en
décimètres; 4° en millimètres :

3 875 m. 75 centim. + 3 kilom. 6 décam. 2 millim. +
3 myriam. 4 décam. 5 décim. + 17 hectom. 9 m. 16 centim.
+ 8 décam. 36 décim. 9 millim. + 225 m. 764 millim. +
7 myriam. 53 décam. 95 centim. + 67 hectom. 145 décim.
28 millim.

CALCUL MENTAL

1. Une personne a acheté 3 pièces d'étoffe : la 1re a 9 mètres; la 2e 6 mètres et la 3e 5 mètres. Combien a-t-elle acheté de mètres en tout? Combien a-t-elle payé à raison de 4 fr. le mètre?

2. Un morceau de ruban de 15 centim. coûtant 15 centimes, que paiera-t-on pour 1 mètre? pour 4 mètres? pour 1 décamètre de ce ruban?

3. On a mesuré une pièce d'étoffe et l'on a trouvé qu'elle contenait 4 décamètres et 5 doubles mètres. Quelle en est la valeur à 7 francs le mètre?

4. N'ayant pas de mètre à sa disposition, on a mesuré une pièce d'étoffe avec un double décimètre et l'on a trouvé qu'elle le contenait 40 fois. Quel est le prix de cette pièce d'étoffe à raison de 6 fr. le mètre?

5. A 8 fr. le mètre d'une étoffe, combien paierait-on pour 50 centimètres? pour 2 mètres? pour 25 centimètres?

6. Un mètre d'étoffe coûtant 6 francs, quelle longueur aurait-on pour 3 francs? pour 1 fr. 50? pour 9 francs?

7. Que vaut le mètre d'une étoffe dont on achète 25 centimètres pour 1 fr. 50?

8. La pièce de 1 franc en argent ayant 23 millimètres de diamètre, quelle longueur obtiendrait-on en plaçant en ligne droite : 1o 10 pièces de 1 franc? 2o 100 pièces de 1 franc?

9. Un mètre de ruban coûtant 0 fr. 50, on le partage en 5 parties égales. Quelle est la longueur et la valeur de chaque partie?

10. Un mètre de toile coûtant 1 franc, quelle somme paiera-t-on pour 60 centimètres? pour 3 décimètres? pour 8 centimètres? pour 350 millimètres?

PROBLÈMES ÉCRITS

SUR LES MESURES DE LONGUEUR

1. Pour venir en classe, un enfant parcourt 3 rues : l'une de 3 hm. 4 m., l'autre de 247 m. et la 3° de 18 décamètres. Quel nombre de mètres parcourt-il dans une journée s'il fait 4 fois le trajet ?

2. Par le chemin de fer, la distance de Marseille à Lyon est 351 km., celle de Lyon à Paris de 512 km. et celle de Paris à Calais de 297 km. Quelle est la distance de Marseille à Calais par le chemin de fer ?

3. Une pièce de toile contenait 75 mètres ; on en détache 5 coupons de 7 mètres chacun et l'on vend le reste à 3 francs le mètre. Quelle somme recevra-t-on ainsi ?

4. Une pièce de drap contenait 28 mètres. On en a pris successivement 3 m. 25, 6 m. 50, 4 m. 75 et 7 m. 50. Combien reste-t-il dans cette pièce ?

5. Pour faire une ligne de chemin de fer, on a déjà construit la voie sur une longueur de 75 km. 485. Pour l'achever, il reste encore à faire 32 km. 415. Quelle sera la longueur de cette ligne ?

6. La lieue métrique valant 4 kilomètres, combien de kilomètres reste-t-il à parcourir à un voyageur qui a déjà fait 19 lieues sur les 47 qu'il avait à parcourir ?

7. Un marchand de drap avait acheté une pièce de drap de 60 mètres pour 650 francs ; il en a revendu la moitié pour 480 francs, le tiers pour 220 francs. On demande : 1° combien il a vendu de mètres en tout ; 2° ce qu'il a reçu en tout ; 3° la quantité de drap qui lui reste ; 4° combien il a reçu de plus qu'il n'avait donné ?

8. Un entrepreneur a 3 tronçons de routes à réparer à raison de 3 francs le mètre : le 1er a 1 km. 8 décamètres ; le 2e 972 mètres et le 3e 44 hm. 8 mètres. Quelle somme devra-t-il recevoir ?

9. Combien coûterait un mur qui entourerait un pré de 1 hm. 4 de long et 6 Dm. de large à raison de 9 francs le mètre courant ?

10. Un marchand en gros a vendu une 1re fois 1 345 mètres

de toile pour 2 641 fr. 50 ; une 2ᵉ fois 638 m. 25 pour
1 432 francs et une 3ᵉ fois 1 728 m. 45 pour 3 000 francs.
Combien a-t-il vendu de mètres en tout et quelle somme
a-t-il reçue ?

11. Un train parcourt 8 hectomètres par minute. Quelle
distance parcourrait-il en 6 heures ? Énoncer cette distance :
1º en mètres ; 2º en kilomètres ; 3º en myriamètres.

12. La Seine mesure 196 kilomètres de sa source à Méry ;
216 kilomètres de Méry à Paris ; 235 kilomètres de Paris à
Rouen et 129 kilomètres de Rouen au Havre. Quelle est la
longueur totale de ce fleuve : 1º en kilomètres ; 2º en lieues ?

13. Le Rhône mesure 187 kilomètres du lac de Genève à
Lyon, 114 kilomètres de Lyon à Valence, 131 kilomètres de
Valence à Avignon et 90 kilomètres d'Avignon à la Méditer-
ranée. Trouver : 1º la distance entre Lyon et Avignon ; 2º la
longueur du Rhône en France.

14. La Garonne mesure 165 kilomètres de la frontière
espagnole à Toulouse, 132 kilomètres de Toulouse à Agen,
160 kilomètres d'Agen à Bordeaux et 96 kilomètres de Bordeaux à l'Océan Atlantique. Quelle est la longueur de la
Garonne en France ?

15. On a fait construire deux routes : l'une de 3 km. 8 Dm.
7 m. pour 9 540 francs ; l'autre de 42 hm. 4 pour 17 328
francs. Quelle est la longueur totale de ces deux routes et
combien ont-elles coûté ?

16. Un cantonnier a 3 chemins à entretenir, l'un de
4 hm. 5 mètres, l'autre de 33 Dm. 8 et le 3ᵉ de 634 mètres.
Combien a-t-il de mètres de chemin à entretenir ?

17. Un voyageur devait parcourir 38 km. 7 hectomètres.
Il a déjà parcouru 13 km. 84 décamètres, puis 9 km. 68 mètres.
Combien de mètres lui reste-t-il à parcourir ?

18. Un jardin carré de 116 mètres de côté est entouré
d'un mur qui a coûté 7 francs le mètre courant. Quel est le
prix de ce mur ?

19. Un piéton a fait 48 hectomètres à l'heure et un cavalier
a fait 17 kilomètres. Combien le cavalier a-t-il fait de mètres
de plus que le piéton ?

20. Une personne a acheté, à 5 francs le mètre, 3 pièces
d'étoffe : la 1ʳᵉ mesure 28 m. 35, la 2ᵉ 7 m. 45 de plus que

la 1re et la 3e 6 m. 05 de plus que la 2e. Quelle est la longueur de ces 3 pièces? Combien cette personne a-t-elle dépensé?

21. Une forêt ayant la forme d'un carré a 17 km. 35 de côté. On l'entoure avec un fil de fer qui coûte 2 francs par hectomètre. Quelle sera la dépense?

22. Un vélocipédiste a fait 8 fois le tour d'une piste triangulaire dont les côtés sont respectivement : 4 km. 45, 2 km. 9 hectomètres et 734 Dm. 6. Quelle distance en kilomètres a-t-il ainsi parcourue?

23. N'ayant pas de mètre, on a mesuré une pièce d'étoffe avec un double décimètre et l'on en a compté 35 dans la longueur de la pièce. Quelle est la valeur de cette pièce à raison de 14 francs le mètre?

24. La Seine mesure 171 kilomètres de plus que la Garonne, qui compte 605 kilomètres de longueur. Le Rhône a 36 kilomètres de plus que la Seine, et la Loire 168 kilomètres de plus que le Rhône. Trouver la longueur de chacun de ces fleuves et leur longueur totale.

25. Une pièce de drap mesure 13 Dm. 5 et coûte 748 francs. Une pièce de soie contenait 43 mètres de moins et coûte 12 fr. 60 de plus. Trouver la longueur et le prix de la pièce de soie.

CHAPITRE III

Mesures de capacité.

15. LE LITRE. — L'unité des mesures de capacité est le *litre*.

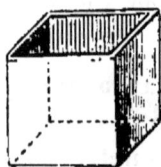

C'est la contenance d'un vase ayant la forme d'un dé à jouer, dont les dimensions seraient : 1 décimètre de longueur, 1 décimètre de largeur et 1 décimètre de profondeur (fig. 7).

Le litre de cette forme serait très difficile à manier dans le commerce.

Fig. 7.

On lui donne la forme cylindrique, comme nous allons le voir.

16. MULTIPLES ET SOUS-MULTIPLES DU LITRE. — Les multiples du litre sont :

le *décalitre* qui vaut 10 litres.

l' *hectolitre* — 100 —

Les sous-multiples sont :

le *décilitre* qui est la dixième partie du litre.

le *centilitre* — centième —

17. MESURES EFFECTIVES. — Elles sont de deux sortes : les unes servent à mesurer les liquides ; les autres servent à mesurer les grains.

18. MESURES POUR LES LIQUIDES. — Elles sont au nombre de huit.

Le *double litre*, le *litre*, le *demi-litre*, le *double décilitre*, le *décilitre*, le *demi-décilitre*, le *double centilitre*, le *centilitre*.

Leur forme varie suivant leur usage.

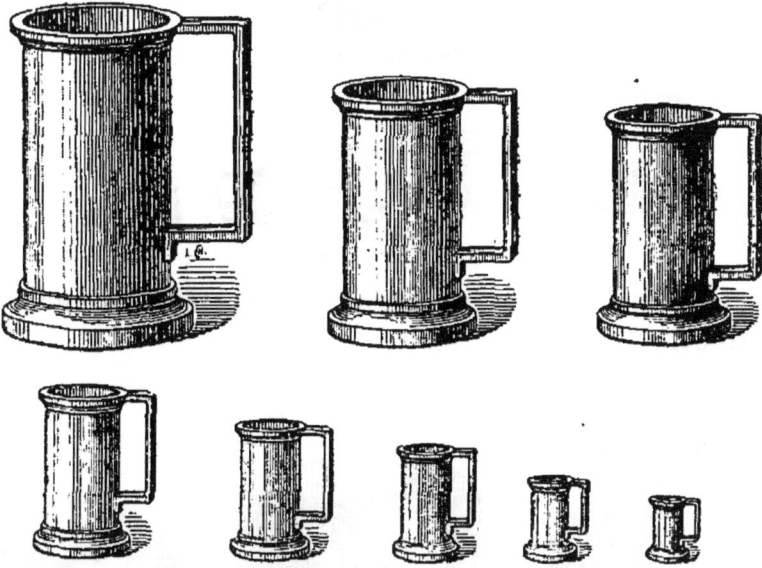

Fig. 8. — Mesures pour les liquides autres que le lait et l'huile.

Ces mesures sont en étain. La hauteur est double du diamètre.

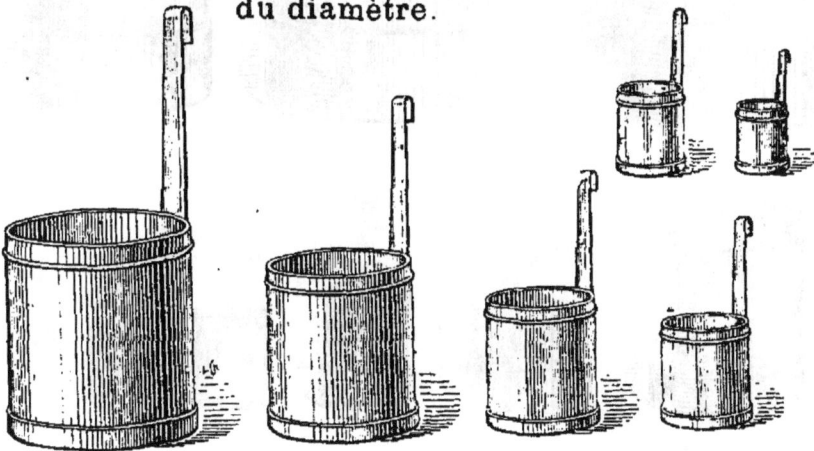

Fig. 9. — Mesures pour le lait.

Ces mesures sont en fer-blanc. La hauteur égale le diamètre.

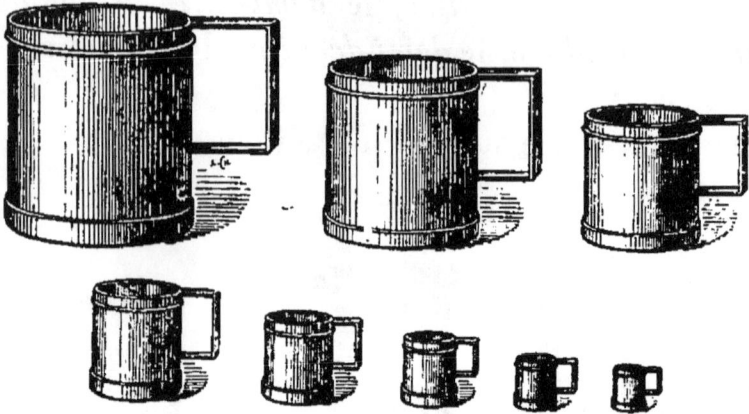

Fig. 10. — Mesures pour l'huile.

Ces mesures sont en fer-blanc. La hauteur est égale au diamètre.

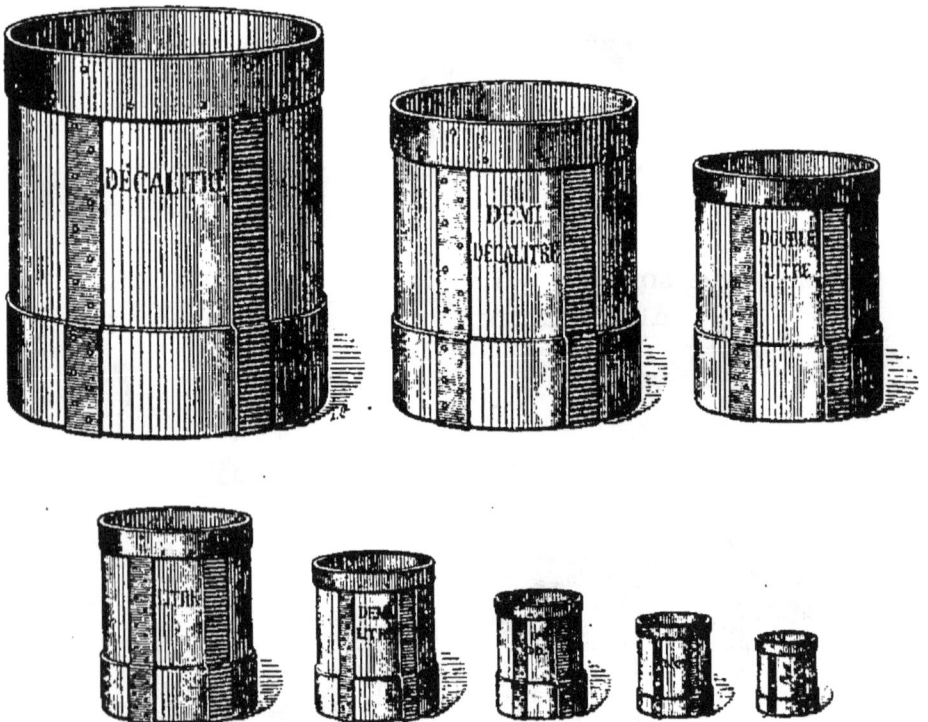

Fig. 11. — Mesures pour les grains, depuis le décalitre.

19. MESURES POUR LES GRAINS. — Elles sont au nombre de 11. Ce sont :

L'hectolitre, le *demi-hectolitre*, le *double décalitre*, le *décalitre*, le *demi-décalitre*, le *double litre*, le *litre*, le *demi-litre*, le *double décilitre*, le *décilitre* et le *demi-décilitre*.

Elles sont en bois. La hauteur égale le diamètre.

20. LECTURE ET ÉCRITURE DES NOMBRES EXPRIMANT DES CAPACITÉS. — La règle est la même que celle qui est énoncée au n° 13.

Pour écrire un nombre exprimant une capacité, on place le chiffre qui exprime des décalitres à gauche de celui qui exprime des litres, le chiffre des hectolitres à gauche du chiffre des décalitres, etc., le chiffre des décilitres à droite du chiffre des litres, etc.

On sépare par une virgule les litres des décilitres.

Les changements d'unité suivent la règle du n° 14.

Pour convertir un nombre exprimant des litres en décalitres, décilitres, etc., on déplace la virgule ou on ajoute des zéros de façon que le dernier chiffre entier à droite soit celui qui exprimait des décalitres, des décilitres dans le nombre primitif.

Ex. : 254 litres font 2 Hl, 54 (Hl veut dire hectolitre). 2531 litres font 253 100 centilitres.

EXERCICES

SUR LES MESURES DE CAPACITÉ

EXERCICES ORAUX

1. Comment se nomme une mesure : 1° de 100 litres ? 2° de 10 litres ? 3° de 1 000 litres ?

2. Combien faut-il de litres pour faire : 1° un hectolitre ? 2° un décalitre ? 3° un kilolitre ? 4° un myrialitre ?

3. Quel rang occupent : 1° les hectolitres ? 2° les myrialitres ? 3° les décalitres ? 4° les kilolitres ?

4. Comment s'appelle la mesure qui est : 1° la dixième partie du litre? 2° la centième partie? 3° la millième partie?

5. Combien le litre vaut-il : 1° de centilitres? 2° de millilitres? 3° de décilitres?

6. Quel est le sous-multiple du litre qui s'écrit : 1° au rang des centièmes? 2° au rang des millièmes? 3° au rang des dixièmes?

7. Convertissez en litres les nombres suivants : 5 hectolitres; 18 hectolitres; 10 hectolitres; 19 décalitres; 25 décalitres; 12 décalitres, 8 kilolitres; 20 kilolitres.

8. Combien de décalitres dans : 9 hectolitres? 15 hectolitres? 33 hectolitres? 1 000 hectolitres?

9. Combien de décilitres dans : 3 litres? 12 litres? 7 décalitres? 14 décalitres? 20 centilitres? 18 centilitres?

10. Combien de centilitres dans : 3 litres? 8 décalitres? 30 litres? 1 000 litres? 6 décalitres? 9 décilitres? 18 décilitres?

11. Combien d'hectolitres dans : 6 400 litres? 3 000 litres? 1 309 décalitres? 12 039 litres? 5 000 décalitres? 36 033 litres?

12. Combien : 1° d'hectolitres, 2° de décalitres, dans : 15 084 litres? 7 060 litres? 1 580 litres? 7 875 décilitres?

EXERCICES ÉCRITS

1. Écrire les nombres suivants en prenant pour unité le litre : 30 décilitres; 300 centilitres; 4 258 centilitres; 7 décilitres; 569 décilitres; 3 centilitres; 9 754 décilitres; 35 centilitres; 14 décilitres.

2. Écrire les nombres suivants en prenant pour unité le décilitre : 45 centilitres; 259 centilitres; 74 centilitres; 8 décalitres; 5 hectolitres; 648 litres; 2 375 centilitres; 37 hectolitres; 2 centilitres.

3. Faire l'addition des nombres suivants en prenant le litre pour unité :

4 décalitres 7 litres 5 décilitres + 8 hectolitres 3 décal. 9 litres + 3 hectolitres 6 litres 4 centilitres + 6 décalitres 3 litres 5 centilitres.

4. Faire l'addition des nombres suivants en prenant l'hectolitre pour unité.

85 hectolitres + 4 256 décalitres + 3 hectolitres 9 litres + 254 hectolitres 4 litres + 3 259 litres.

5. Additionner les nombres suivants en prenant le litre pour unité :

5 267 litres + 294 décalitres + 725 décilitres + 267 litres + 294 décalitres + 7 259 décilitres + 97 hectolitres + 894 centilitres + 35 litres + 3 257 millilitres.

6. Faire la soustraction des nombres suivants et exprimer le résultat en litres :

13 Hl. 4 — 58 lit. 5; 9 773 lit. — 65 Hl. 84; 6 Hl. 9 lit 4 cl. — 7 Dl. 8 dl. 4 ml.; 8 Dl. 75 dl. — 6 835 cl.; 12 540 dl. — 82 Dl. 65; 31 Dl. 64 — 1 Hl. 85 cl; 3 Hl. 48 lit. — 6 Dl 25 cl.; 61 Dl. 6 dl. — 5 Hl. 835; 245 lit. 8 ml. — 6 742 ml.

CALCUL MENTAL.

1. Deux seaux contiennent : l'un 1 Dl. 4 et l'autre 8 litres. Combien le 1er seau contient-il de litres de plus que le 2e? Combien contiennent-ils de litres ensemble?

2. Dans un tonneau, on a versé une 1re fois 2 Hl. de vin, une 2e fois 4 décalitres et une troisième fois 6 litres. Combien ce tonneau contient-il de litres de vin? Combien en resterait-il si on en retirait 14 Dl. 6?

3. Pour emplir un baquet, on y a versé 12 seaux de chacun un décalitre et un seau dans lequel il y avait 5 litres d'eau seulement. Quelle est en hectolitres la contenance de ce baquet?

4. Combien faudrait-il de seaux de chacun 9 litres pour emplir une fontaine qui contient 5 Dl. 6?

5. Trois fontaines versent : la 1re 8 litres, la 2e 7 litres et la 3e 5 litres d'eau par minute. Si on les laisse couler ensemble, combien fourniront-elles de décalitres d'eau en 7 minutes? en 10 minutes? en une heure?

6. Un tonneau de vin contenait 225 litres. Un enfant maladroit ayant laissé la cannelle ouverte, une certaine quantité de vin a été perdue. Quelle est cette quantité s'il ne reste plus que 2 hectolitres de vin dans le tonneau?

7. Le litre d'eau-de-vie coûtant 1 franc, que paierait-on pour un petit flacon de 50 centilitres? pour un décalitre? pour un demi-décalitre? pour 2 hectolitres?

8. L'hectolitre de vin coûtant 50 francs, quel est le prix du litre? du décalitre? de 5 litres? de 40 litres?

9. Un baril d'eau-de-vie contenait 3 Dl. 2 de ce liquide. On achève de le remplir en y versant encore 8 litres d'eau-de-vie. Quelle est sa contenance en décalitres?

10. On veut mettre 3 litres d'eau de Cologne dans des flacons qui contiennent chacun 10 centilitres. Combien emplira-t-on de ces flacons?

11. A 4 francs le litre d'une liqueur, combien coûteraient 5 décilitres? 25 centilitres? une bouteille de 1 décalitre? de un demi-décalitre? un fût de un demi-hectolitre?

12. Combien y a-t-il de litres d'eau-de-vie dans 9 barriques semblables de chacune 2 hectolitres?

13. Combien paierait-on pour 10 litres de vin quand l'hectolitre coûte 54 francs?

14. Le litre de haricots coûtant 0 fr. 65, quel est le prix du décalitre? de l'hectolitre?

15. Un réservoir contient 14 hectolitres d'eau. Combien faudra-t-il en retirer de seaux de 1 décalitre pour qu'il ne reste plus que 8 hectolitres d'eau dans ce réservoir?

16. A 4 fr. 50 le litre de rhum, combien coûtent : 1º le décalitre? 2º l'hectolitre? 3º le décilitre? 4º le centilitre?

PROBLÈMES ÉCRITS

SUR LES MESURES DE CAPACITÉ

1. Un fût contenait déjà 23 Dl. 4 de vin. On y a versé encore 75 litres. Quelle est maintenant la quantité de vin contenue dans ce fût?

2. Un vigneron avait récolté 45 hectolitres de vin. Il en a vendu 275 décalitres. Combien lui en reste-t-il de litres pour sa consommation annuelle?

3. On a versé 72 litres de vin dans un fût qui en contenait déjà 1 Kl. 63. Combien ce fût en contient-il maintenant?

4. Que reste-t-il dans ce fût si on en retire 5 Dl. 9?

5. J'ai cultivé 3 champs de blé qui m'ont donné : le 1er, 27 Dl. 5; le 2e, 3 Hl. 45 litres, et le 3e, 234 lit. 5 décilitres. Quelle est en litres ma récolte totale?

6. Trois personnes achètent en commun une bonbonne d'huile de 25 litres. La 1re en prend 7 lit. 8 décilitres, la 2e 8 lit. 25 centilitres et la 3e le reste. Quelle est la part de cette dernière ?

7. Un cheval mange par jour 15 litres d'avoine entière ou 10 litres d'avoine concassée. Exprimer en décalitres la différence de consommation pour un mois de 30 jours.

8. Paris consomme annuellement en moyenne 442 900 kilolitres de vins en cercles et 22 325 hectolitres de vins en bouteilles. Quelle est la consommation totale annuelle ?

9. La consommation du vinaigre étant de 36 725 hectolitres en moyenne, de combien d'hectolitres la consommation du vin surpasse-t-elle celle du vinaigre ? *(Voir le problème précédent.)*

10. Trois tonneaux de vin contiennent : le 1er 2 Hl. 25 litres ; le 2e 23 Dl. 8 et le 3e 254 litres. Quelle est leur contenance totale ?

11. Un cultivateur mélange 15 doubles décalitres d'avoine avec 8 hectolitres et 45 décalitres. Exprimer en hectolitres la quantité totale du mélange.

12. Un réservoir contenait 75 décalitres d'eau. Combien en reste-t-il quand on en a retiré 45 seaux de 8 litres chacun ?

13. Un tonneau contenait 4 Hl. 8 litres. On en a tiré une 1re fois 13 Dl. 5 et une deuxième fois 1 Hl. 6 décalitres. Combien de litres reste-t-il dans ce tonneau ?

14. Une fermière a 14 vaches qui lui donnent en moyenne 13 litres de lait chacune par jour. Quelle est la quantité de lait fournie en 8 jours ? en un mois de 30 jours ? Exprimez-la en décalitres, puis en hectolitres.

15. Un tonneau plein de vin en contenait 225 litres. On en a tiré 144 bouteilles de chacune 75 centilitres. Combien reste-t-il de litres de vin dans ce tonneau ?

16. Une bonbonne contenait 32 l. 5 d'huile. On en a retiré de quoi emplir 4 bouteilles : l'une de 3 l. 4, la 2e de 24 décilitres ; la 3e de 450 centilitres et la 4e de 5 l. 8. Combien reste-t-il de litres d'huile dans cette bonbonne ?

17. Pour emplir une bouteille on y a versé : 3 doubles décilitres, deux décilitres et 3 doubles centilitres. Exprimer en litres la contenance de cette bouteille.

18. Une futaille contenait 4 Hl. 6 litres de cidre. On en a tiré d'abord 65 litres, puis 3 Dl. 4, ensuite 0 Hl. 85 et enfin 12 Dl. 7 litres. Combien de litres a-t-on tirés en tout ? Combien en reste-t-il ?

19. Un propriétaire a récolté 75 Hl. de vin dans 3 vignes. La 1re lui a donné 13 Hl. 8 décilitres ; la 2e 450 décalitres. Combien les deux premières vignes lui ont-elles donné ensemble ? Combien a-t-il récolté dans la 3e vigne ?

20. Un marchand de vins a fait deux livraisons de vin blanc dans sa journée : le matin, il a livré 12 Hl. 45 et le soir 5 Hl. 4 décalitres de moins que le matin. Combien a-t-il livré d'hectolitres la 2e fois ? Combien en tout dans la journée ?

21. Un tonneau contient 2 Hl. 45 litres : un autre contient 3 Dl. 6 de plus. Combien contiennent-ils de litres ensemble ?

22. Deux bouteilles contiennent : l'une 3 lit. 45 centilitres et l'autre 8 dl. 4 de moins. Quelle est en litres leur contenance totale ?

23. Un marchand de vins veut emplir un tonneau de 275 litres avec deux sortes de vin. Il y verse 8 Dl. 4 de la 1re et 1 Hl. 45 de la 2e. Combien faudra-t-il qu'il y verse de litres d'eau pour achever de le remplir ?

24. Un tas d'avoine en contenait 13 Hl. 48. On a pris sur ce tas de quoi emplir 3 sacs : l'un de 1 Hl. 45 ; l'autre de 15 décalitres et le 3e de 175 litres. Combien a-t-on pris d'hectolitres d'avoine. Combien en reste-t-il sur le tas ?

25. Un fût contenait 640 litres de vin. On en tire d'abord 135 litres, puis 180 litres une 2e fois et une 3e fois 15 litres de plus que la 2e ? Combien a-t-on tiré de litres en tout ? Combien en reste-t-il dans le fût ?

26. Un réservoir a une capacité de 4 Hl. 72. Une fontaine qui verse 12 litres d'eau par minute y a coulé pendant une demi-heure. Combien manque-t-il de litres d'eau pour emplir ce bassin ?

27. Un réservoir contenait 6 Hl. 8 décalitres d'eau. On en a retiré 24 arrosoirs contenant chacun 13 litres. Combien reste-t-il de litres d'eau dans ce réservoir ?

28. Un vigneron a vendu 12 barriques de chacune 225 litres de vin rouge. Combien lui reste-t-il d'hectolitres de vin s'il en avait récolté 45 Hl. 4 ?

29. J'avais acheté 5 700 kilogrammes de betteraves; on m'en a livré 104 hectolitres pesant 6 kg. 4 le décalitre. Combien me manque-t-il de kilogrammes de betteraves?

30. Un litre de graine de colza donnant 64 centilitres d'huile, combien de litres d'huile obtiendrait-on avec 3 Hl. 45 de cette graine?

31. Un épicier en gros avait reçu 45 fûts contenant chacun 175 litres de vinaigre. Il a d'abord livré 16 Hl. 8, puis 435 Dl. 6 de ce liquide. Combien lui en reste-t-il d'hectolitres en cave?

32. 4 fûts contiennent : le 1er 2 Hl. 24; le 2e 13 litres de plus que le 1er; le 3e 3 décilitres de moins que le 2e et le 4e autant que le 2e. Quelle est leur contenance totale?

33. Combien faut-il de litres de cognac pour emplir 3 flacons : le 1er de 75 centilitres; le 2e de 25 millilitres de plus que le 1er et le 3e de 1 dl. 4 de plus que le 2e?

34. Un fût de bière en contenait 65 litres; on en a tiré 50 bouteilles de chacune 70 centilitres. Combien manque-t-il de litres pour qu'il en reste 4 décalitres?

35. Une chèvre donne en moyenne 3 litres de lait par jour. Quelle somme retirera-t-on du lait donné par cette chèvre pendant un mois de 30 jours à raison de 3 francs le décalitre?

36. Dans une pièce de vin de 2 Hl. 25, on a versé 16 décalitres de vin à 35 francs l'hectolitre et on a achevé de l'emplir avec du vin à 0 fr. 32 le litre. Quelle est la valeur du vin contenu dans cette pièce?

37. On a mis une pièce de vin en bouteilles et on a empli 316 bouteilles de chacune 75 centilitres. Combien aurait-on payé cette pièce de vin si l'hectolitre coûtait 45 francs?

38. Un ménage consomme par jour un seau de coke qui en contient 25 litres. Quelle sera la dépense pour 3 mois de 30 jours à raison de 2 fr. 25 l'hectolitre?

39. Un cultivateur a vendu 50 doubles décalitres de blé à raison de 25 francs l'hectolitre et 8 hectolitres d'avoine à 3 fr. 90 le double décalitre. Quelle somme a-t-il dû recevoir?

40. J'ai acheté un fût de vin de 23 Dl. 5 à raison de 38 francs l'hectolitre et j'ai donné en paiement 3 Hl. 4 de pommes de terre valant 3 fr. 80 le double décalitre. Quelle somme dois-je encore?

CHAPITRE IV

Mesures de poids.

21. LE GRAMME. — *Le gramme* est l'unité des mesures de poids.

C'est le poids d'un volume d'eau *pure* ou *distillée* égal au *dixième d'un centilitre*. Nous verrons plus tard que ce volume s'appelle *centimètre cube*.

22. MULTIPLES ET SOUS-MULTIPLES DU GRAMME. — Les multiples sont :

le *décagramme* qui vaut 10 grammes.
l'*hectogramme* — 100 —
le *kilogramme* —, 1 000 —
le *myriagramme* — 10 000 —

Les sous-multiples sont :

le *décigramme* qui vaut la dixième partie du gramme.
le *centigramme* — centième —
le *milligramme* — millième —

23. MESURES RÉELLES. — Il y a trois séries de mesures effectives.

1° *Poids en cuivre*. — Il y a 14 poids en cuivre; ils vont depuis le gramme jusqu'au poids de 20 kilogr. Ce sont : 20 kilogr.; 10 kilogr.; 5 kilogr.; 2 kilogr.; 1 kilogr.; 1/2 kilogr.; 2 hectogr.; 1 hec-

togr.; 1/2 hectogr.; 20 grammes; 10 grammes;
5 grammes; 2 grammes;
1 gramme.

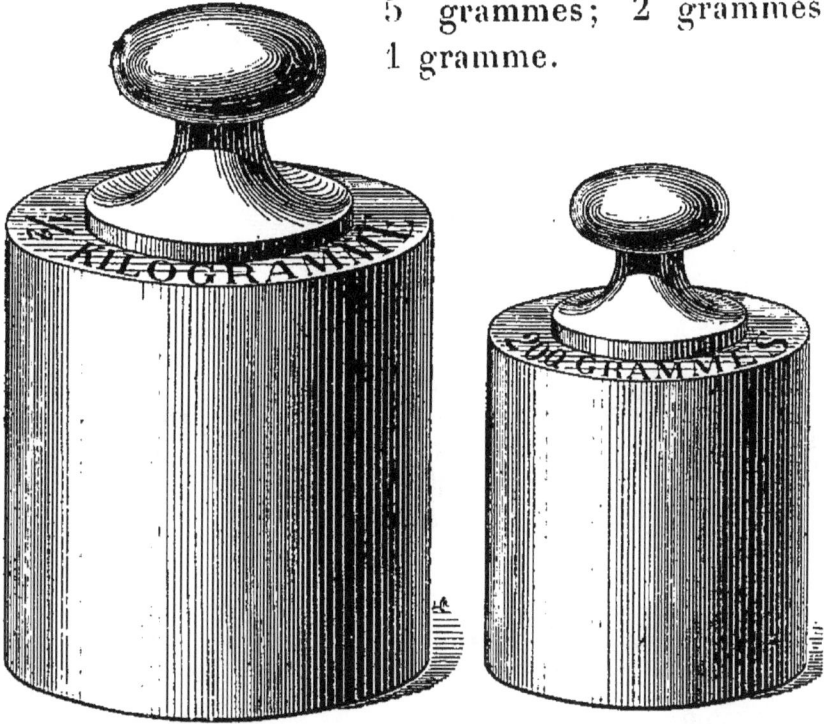

· Ces poids ont la forme d'un
cylindre terminé par un bouton
qui permet de les saisir.

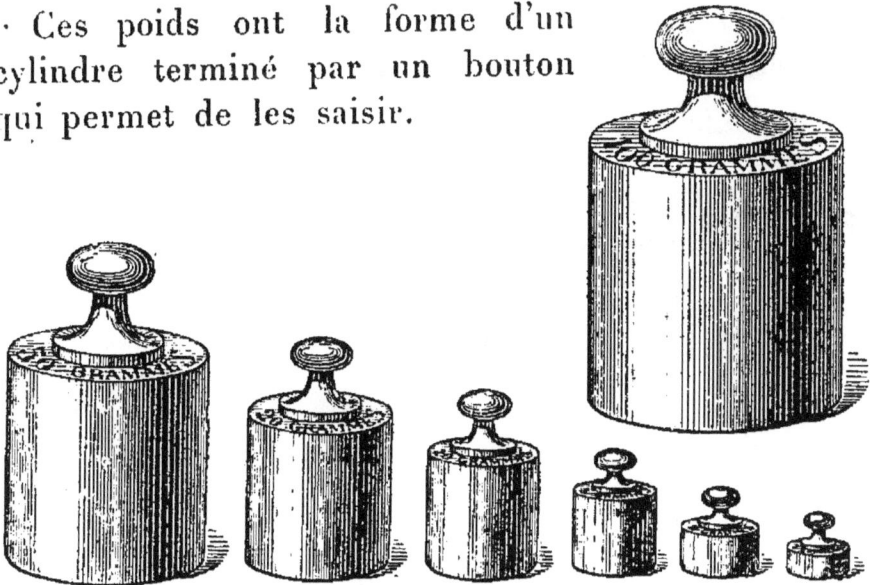

Fig. 12.

2° *Poids en fonte.* — Ils comprennent les poids de 50 kilogr.; 20 kilogr.; 10 kilogr.; 5 kilogr.;

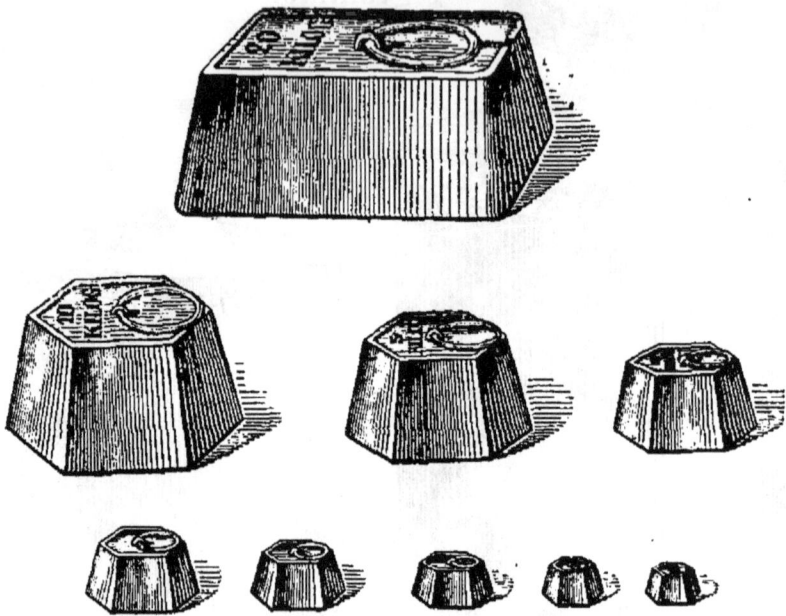

Fig. 13.

2 kilogr.; 1 kilogr.; 1/2 kilogr.; 2 hectogr:; 1 hectogr.; 1/2 hectogr..

3° *Poids en lames.* — Ces poids ont la forme de

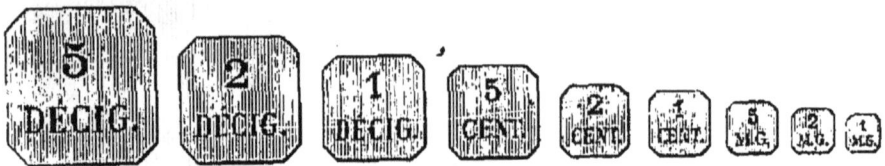

Fig. 14.

lames et sont en cuivre ou en platine. Il y en a 9.

24. Le *quintal* vaut 100 kilogr., la *tonne* en vaut 1.000.

Le quintal et la tonne sont des mesures fictives.

**25. LECTURE ET ÉCRITURE DES NOMBRES EXPRI-
MANT DES POIDS. — On écrit le chiffre des décagrammes à gauche du chiffre des grammes, le chiffre
des hectogrammes à gauche de celui des décagrammes, etc , le chiffre des décigrammes à droite
du chiffre des grammes, etc., on sépare par une virgule les grammes des décigrammes.**

**De même, pour convertir un nombre de grammes
en hectogrammes, décigrammes, etc., on déplace la
virgule ou on ajoute des zéros de façon que le dernier chiffre entier à droite soit celui qui exprimait
des hectogrammes, des décigrammes dans le nombre
primitif.**

Ex. :   158 gr.   font   1 hectogr. 58
            225 gr.   font   2 250 décigr.

EXERCICES

SUR LES MESURES DE POIDS

EXERCICES ORAUX

1. Quel nom donne-t-on à une mesure de 100 gr. ? de
10 gr. ? de 1 000 gr. ? de 10 000 gr. ?

2. Combien faut-il de grammes pour faire : 1° un hectogr. ?
2° un décagr. ? 3° un kilogr. ? 4° un myriagr. ?

3. Quel rang occupent : 1° les hectogr. ? 2° les myriagr. ?
3° les décagr. ? 4° les kilogr. ?

4. Comment se nomme la mesure qui est : 1° la dixième
partie du gramme? 2° la centième partie? 3° la millième
partie ?

5. Combien le gramme vaut-il : 1° de centigr. ? de milligr. ? de décigr. ?

6. Quel est le sous-multiple du gramme qui s'écrit : 1° au rang des centièmes ? 2º au rang des millièmes ? 3º au rang des dixièmes ?

7. Convertissez en grammes les nombres suivants : 9 hectogr. ; 12 hectogr. ; 10 hectogr. ; 5 décagr. ; 15 décagr. ; 22 décagr. ; 8 kilogr. ; 14 kilogr. ; 25 kilogr.

8. Combien de décigrammes dans : 4 gr. ? 32 gr. ? 17 gr. ? 25 gr. ? 85 centigr. ? 43 centigr. ? 645 milligr. ? 372 centigr. ?

9. Combien de kilogrammes dans :

6 000 gr. ?	29 hectogr. ?	600 décagr. ?
5 358 — ?	295 — ?	895 — ?
7 963 — ?	423 — ?	1 672 — ?
43 759 — ?	915 — ?	428 — ?

10. Combien d'hectogrammes dans :

663 grammes. ?	50 décagr. ?	19 kilogr. ?
325 — ?	92 — ?	50 — ?
7 200 — ?	4 852 — ?	81 — ?
1 250 — ?	784 — ?	926 — ?

11. Combien de kilogrammes dans :

3 quintaux ?	15 quintaux ?	85 quintaux ?
25 — ?	270 — ?	60 — ?
32 — ?	469 — ?	92 — ?

12. Combien de quintaux dans :

300 kilogr. ?	532 kilogr. ?	2 325 kilogr. ?
4 290 — ?	524 — ?	4 832 — ?
1 500 — ?	548 — ?	9 295 — ?

13. Combien de kilogrammes dans :

4 tonnes ?	65 tonnes ?	700 tonnes ?
10 — ?	92 — ?	95 — ?
25 — ?	674 — ?	32 — ?

14. Combien de tonnes dans :

42 000 kilogr. ?	43 400 kilogr. ?	180 quintaux ?
784 000 — ?	6 800 — ?	200 — ?
7 000 — ?	17 550 — ?	1 710 — ?
59 000 — ?	57 875 — ?	684 — ?

EXERCICES ÉCRITS

1. Écrire en grammes :

3 kgr. et 25 gr. ;　　　7 Hgr. et 3 Dgr. ;　　　6 Hgr. et 9 gr.
13 kgr. — 18 gr. ;　　　83 dgr.　　　;　　527 kgr.
2 kgr. — 40 gr. ; 1 092 Dgr.　　　;　　65 Hgr. —6 Dgr.
85 Hgr.— 7 gr. ;　　　0 kgr. et 6 Hgr. ; 3 275 kgr. —32 gr.
30 kgr. - - 4 Hgr.; 3 275 Hgr. et 9 Dgr. ;　　8 kgr. — 6 gr.
6 Hgr.— 8 Dgr. ;　　92 Hgr.　　　;　　9 kgr. — 8 gr.

2. Additionner les nombres suivants en prenant le gramme pour unité :

2 décagr. 5 gr. 6 décigr. + 3 hectogr. 7 décagr. 9 gr. + 8 décagr. 5 décigr. 4 centigr. + 3 kilogr. 6 décagr. 5 décigr.

3. Additionner les nombres suivants en prenant l'hectogramme pour unité :

7 kgr. 8 Hgr. 5 dgr. + 3 Mgr. 6 kgr. 5 Dgr. + 75 Dgr. 8 gr. 6 cgr. + 11 kgr. 25 Dgr. 84 dgr.

4. Additionner les nombres suivants en prenant le kilogramme pour unité :

75 kgr. 7 Hgr. 9 gr. + 2 Mgr. 65 Hgr. 8 gr. + 8 Mgr. 635 gr. + 85 Dgr. 9 gr. 6 dgr.

5. Faire la soustraction des nombres suivants et exprimer le résultat : 1o en grammes ; 2o en hectogrammes :

7 kgr. 8 Dgr. — 17 Hgr. 8 gr. ; 33 Hg. 652 dgr. — 6 428 cgr. 4 mgr. ; 61 Hgr. 9 Dgr. 8 gr. — 567 gr. 85 ; 8 kgr. 7 gr. 9 cgr. — 6 Hgr 8 Dgr. 3 dgr. ; — 17 kgr. 8 545 cgr. — 6 955 gr. 7 : 16 Dgr. 925 cgr. — 8 gr. 9 cgr. 6 mgr. ; 49 Dgr. 536 mgr. — 7 852 mgr. ; 7 Hgr. 6 Dgr. 25 dgr. — 13 845 cgr.

CALCUL MENTAL

1. Un litre d'air pesant 1 gr. 293, quel est le poids de 10 litres ? de 100 litres ? de 1 000 litres ? de 10 000 litres ?

2. Le kilogramme de sucre coûtant 1 fr. 35, quel est le prix du quintal ?

3. Un épicier a reçu un quintal de sucre et une balle de café pesant un demi-quintal. Quel est, en kilogrammes, le poids total de ces deux marchandises ?

4. Combien paierait-on pour une brique de savon pesant 10 kilogrammes si le quintal de ce savon vaut 65 francs?

5. Quel poids faut-il mettre dans une balance pour peser 4 grammes, 5 grammes, 14 grammes, 75 grammes, 3 kilogrammes 435 grammes, 5 kilogrammes 82 grammes?

6. Le quintal de charbon valant 4 fr. 50, quel est le prix de la tonne métrique? d'un wagon chargé de 10 tonnes?

7. Le litre d'huile pesant 0 kg. 92, quel est le poids de 10 litres? de 100 litres? Quel est en quintaux le poids de 1 000 litres?

8. 10 paquets semblables de marchandises pèsent ensemble 8 kg. 5. Quel est en décagrammes le poids d'un de ces paquets?

9. 1 franc en monnaie de cuivre pesant 100 grammes, quel est le poids en kilogrammes de 25 francs de cette monnaie?

10. Une lampe brûle en moyenne 30 grammes d'huile par heure. Quelle sera, à raison de 2 francs le kilogramme, la dépense de l'éclairage pour 10 heures? pour 100 heures?

11. La demi-livre de chocolat coûtant 1 fr. 20, quel est le prix du kilogramme? Combien coûteraient 2 kilogrammes?

12. La livre de sucre coûtant 1 fr. 40, quel est le prix du kilogramme? du quintal? du demi-quintal de sucre?

13. La pièce de 10 centimes en bronze pesant 10 grammes, quel serait en hectogrammes le poids de 460 de ces pièces?

14. On achète 5 kilogrammes de sucre à raison de 0 fr. 55 la livre. Combien doit-on payer pour cette emplette?

15. Quelle somme dois-je au boucher pour un gigot de 5 kilogrammes à raison de 1 fr. 35 la livre?

16. Le kilogramme de tabac coûtant 12 fr. 50, quel serait le prix d'un paquet de 1 hectogramme?

17. Le sucre valant 1 franc le kilogramme, quel poids de sucre aurait-on pour 20 centimes? 50 centimes? 75 centimes?

18. Une caisse pleine de café pèse 1 quintal 3 kilogrammes. Vide, elle pèse 3 kilogrammes. Quelle est la valeur du café qu'elle contient à 4 francs le kilogramme?

19. Une liqueur coûtant 2 francs le kilogramme, quel est le prix de la liqueur contenue dans un flacon qui en contient 1 hectogramme?

8.

PROBLÈMES ÉCRITS

SUR LES MESURES DE POIDS

1. Trois marchandises pèsent : la 1re 16 kg. 85; la 2e 23 kg. 8; la 3e 72 kg. 448. Quel est le poids total de ces trois marchandises? Combien lui manque-t-il pour égaler 200 kilogrammes?

2. Un sac contient 125 pièces de 5 francs, 48 pièces de 2 francs et 13 pièces de 1 franc. Quelle somme totale contient-il? Quel est le poids de cette somme, un franc en argent pesant 5 grammes?

3. On place dans le plateau d'une balance le poids de 5 kilogrammes, celui de 2 hectogrammes et celui d'un demi-hectogramme. Combien faut-il mettre de grammes dans l'autre plateau pour faire équilibre au premier?

4. Je demande à l'épicier 175 grammes de riz et il met dans le plateau de sa balance les poids de : 1 hectogramme, un demi-hectogramme, 1 double décagramme et 1 double gramme. Ai-je mon compte? Combien me manque-t-il?

5. Quel est en grammes le poids de l'eau contenue dans deux vases dont le 1er contient 185 cmc 4 et le 2e 642 cmc 6?

6. Un ouvrier a mangé à son déjeuner 703 grammes de pain, 125 grammes de viande et 25 grammes de fromage; il a bu 600 grammes de vin. Quel est en kilogrammes le poids des aliments qu'il a absorbés?

7. Le boucher m'a fourni un gigot de 3 kg. 725 et 5 côtelettes de chacune 112 grammes. Exprimer en kilogrammes le poids de la viande qu'il m'a fournie?

8. Un lingot d'or pèse 1 kg. 75 et un autre 2 hg. 45 de moins que le 1er. Combien le 2e lingot pèse-t-il de grammes? Combien pèsent-ils ensemble?

9. Un boulanger a fourni dans une journée : 48 pains de 4 kilogrammes, 128 pains de 2 kilogrammes, 60 pains de 1 kilogramme, 28 pains de 5 hectogrammes et 32 petits pains de 2 décagrammes. Combien de kilogrammes de pain a-t-il fournis dans cette journée?

10. Le quintal de charbon valant 5 francs, quelle est la valeur de 7 wagons de charbon qui en contiennent chacun 9 tonnes ?

11. Un sac, qui pèse vide 1 Hg. 2, contient 135 pièces de 5 francs en argent. Quel est le poids de cette somme si un franc en argent pèse 5 grammes. Quel est le poids du sac quand il est plein ?

12. Quel est le prix de la bougie contenue dans 150 paquets de chacun 5 hectogrammes, si le kilogramme de bougie coûte 2 francs ?

13. Une fermière a vendu au marché 15 poulets à 3 francs l'un et elle a été payée en pièces d'argent. Quelle somme a-t-elle reçue ? Quel est le poids de cette somme en kilogrammes, un franc en argent pesant 5 grammes ?

14. Une famille composée de 5 personnes mange en moyenne 45 décagrammes de pain par personne et par jour. Combien faudra-t-il de kilogrammes de pain pour nourrir cette famille pendant 8 jours ?

15. Un vase vide pèse 75 grammes et plein d'huile 7 Hgr. 82. Quel est le poids de l'huile qu'il contient ?

16. Une bougie pesant 5 décagrammes, quel est le poids d'un paquet qui contient 8 bougies ? Quel est en kilogrammes le poids de 135 paquets semblables ?

17. Un arrosoir vide pèse 2 kg. 25 et peut contenir 10 lit. 56 d'eau. Combien pèse-t-il quand il est plein d'eau ?

18. On met 3 poires dans un plateau d'une balance. L'une pèse 125 grammes, une autre 15 décagrammes et la troisième 2 hectogrammes. Quels sont les poids qu'il faut mettre dans l'autre plateau pour faire équilibre à ces trois fruits ?

19. Un négociant achète 4 569 quintaux de blé et les revend avec un bénéfice de 3 centimes par kilogramme. Quel est son bénéfice total ?

20. On a acheté 75 tonnes de charbon à raison de 5 francs le quintal. On a payé en outre 2 francs pour le transport par tonne. Quelle somme a-t-on dépensée en tout ?

21. Un vase vide pèse 452 grammes, et, plein d'eau, il pèse 3 kg. 75. Quelle est sa capacité en centimètres cubes ?

22. Un vase vide pèse 17 décagrammes et peut contenir 2 lit. 85. Combien pèserait-il s'il était plein d'eau ?

23. Un épicier a acheté 8 quintaux de sucre à 125 francs le quintal et 385 kilogrammes de savon à 2 francs le kilogramme. Combien doit-il en tout? Que devra-t-il encore quand il aura donné un acompte de 1 500 francs?

24. Un épicier a vendu 4 marchandises, savoir :

la 1re pesant 1 kg. 75 grammes pour 15 fr. 25 ;

la 2° pesant 3 kg. 148 grammes pour 17 francs ;

la 3° pesant 24 hg. 8 grammes pour 7 fr. 80 ;

la 4° pesant 7 kg. 64 décagrammes pour 28 francs.

Trouver le poids et la valeur totale de ces 4 marchandises.

25. Un cultivateur a vendu au marché 4 sacs de blé pesant chacun 75 kilogrammes à raison de 28 francs le quintal. Quelle somme a-t-il dû recevoir?

26. Une caisse pleine de café pèse 39 kg. 725 et 47 hg. 25 quand elle est vide. Quelle est la valeur du café qu'elle contient à 5 francs le kilogramme?

27. Un épicier a reçu une balle de café pesant 75 kilogrammes à raison de 4 francs le kilogramme et une caisse de sucre de 54 kilogrammes à 2 francs le kilogramme. Il paye comptant, et on lui fait une remise de 18 francs. Combien donne-t-il?

28. Quel est le prix de 9 caisses de savon pesant chacune 750 hectogrammes à raison de 3 francs le kilogramme?

29. Une personne a acheté 135 kilogrammes d'une marchandise pour 325 francs. Elle revend cette marchandise 0 fr. 30 l'hectogramme. Quel bénéfice réalisera-t-elle?

30. Combien paiera-t-on pour 8 stères de bois pesant chacun 725 kilogrammes à raison de 3 francs le quintal?

31. Une voiture d'épicier est chargée de 125 bouteilles d'huile pesant chacune 9 hectogrammes, 8 caisses de savon de chacune 37 kilogrammes, 27 pains de sucre de chacun 9 kilogrammes et 72 paquets de bougie de chacun 5 hectogrammes. Quel est en quintaux le poids total de ce chargement?

32. Pour faire un matelas, il faut 18 kilogrammes de laine cardée à 4 francs le kilogramme. On en a déjà deux paquets : l'un de 6 kg. 5 et l'autre de 35 hectogrammes. Pour quelle somme faut-il encore en acheter?

33. J'ai demandé à mon marchand de bois de me fournir 35 quintaux de bois de chêne et il m'a apporté 4 stères de ce bois pesant chacun 853 kilogrammes. Combien me manque-t-il de quintaux de bois dans cette livraison?

34. Une fermière a 18 vaches qui lui fournissent chacune 4 kilogrammes de beurre par semaine. Quelle somme recevra-t-elle en vendant ce beurre 1 fr. 50 la livre?

35. Le charbon se vendant à la mine 2 fr. 50 le quintal, trouver la somme que j'ai dépensée en achetant à Lille 7 tonnes de ce combustible et si j'ai payé 17 fr. 45 pour le faire transporter chez moi.

36. Une bouteille pleine d'huile pèse 7 kg. 250 et vide, elle ne pèse plus que 12 hg. 5. Quelle est la valeur de cette huile à 3 francs le kilogramme?

37. Un épicier a acheté 700 kilogrammes de pétrole à 92 francs le quintal. Il revend ce pétrole à 1 franc le kilogramme. Quel bénéfice fait-il ainsi en vendant le tout?

38. Un train de 35 wagons est chargé de charbon valant 5 francs le quintal. Quel est le prix de ce charbon si chaque wagon en contient 8 000 kilogrammes?

39. Un épicier a acheté 8 sacs de café pesant chacun brut 76 kg. 5 hectogrammes. Le sac vide pèse 15 décagrammes. Combien cet épicier a-t-il payé pour ce café à raison de 425 francs le quintal?

40. Une lampe brûle 45 grammes d'huile par heure et est allumée 4 heures par jour. Quelle est en kilogrammes la quantité d'huile nécessaire à l'éclairage pour un mois de 30 jours?

41. J'ai acheté 52 quintaux de pommes à 5 francs les 100 kilogrammes et j'ai fait avec ces fruits 9 hectolitres de cidre, que j'ai vendus à 0 fr. 45 le litre. Quel est mon bénéfice?

42. Trois caisses pleines de chocolat pèsent : la 1re 17 kg. 25 décagrammes, la 2e 13 kg. 50 grammes et la 3e 12 kg. 5 hectogrammes. Les trois caisses vides pèsent ensemble 2 kg. 800. Quelle est la valeur de ce chocolat à 6 francs le kilogramme?

43. J'ai fait venir de Nantes 75 pains de sucre du poids moyen de 8 kilogrammes le pain. Quelle somme dois-je payer pour cette marchandise à 125 francs le quintal?

44. Un cultivateur a vendu au marché 8 sacs d'avoine de chacun 75 kilogrammes à 24 francs le quintal, et il a acheté 4 paquets de graines de chacun 42 hg. 5 à 7 francs le kilogramme. Combien a-t-il reçu? Combien a-t-il dépensé? Combien lui reste-t-il?

45. Un marchand de charbons a acheté 7 tonnes de charbon à 36 francs la tonne et il paye en outre 65 fr. 80 pour le transport de ce charbon. Quel sera son bénéfice s'il vend ce charbon 5 francs le quintal?

46. Pour faire une paire de bas, on emploie 125 grammes de laine valant 7 francs le kilogramme. Une marchande en a fait faire 8 paires pour lesquelles elle a payé, outre la laine, pour 9 fr. 45 de façon. Quel bénéfice réalisera cette marchande en vendant chaque paire de bas 3 francs?

47. Un cultivateur a vendu 35 quintaux de pommes de terre à raison de 0 fr. 70 la panerée de 10 kilogrammes. Quel bénéfice réalise-t-il ainsi si ses dépenses relatives à cette culture se sont élevées à 148 fr. 50?

48. Un boulanger fabrique tous les jours pour une pension 175 petits pains de chacun 8 décagrammes à raison de 1 franc le kilogramme. Quelle somme doit-il recevoir pour sa fourniture d'un mois de 30 jours?

49. Un cultivateur a acheté, pour ensemencer un champ, 9 kilogrammes de graine de betterave à 0 fr. 20 l'hectogramme. Il a dépensé 328 fr. 80 pour les frais de culture. Il a récolté 348 quintaux de betteraves qu'il a vendues à 9 francs le quintal. Quel est son bénéfice?

50. Un tonneau vide pèse 145 hectogrammes et plein d'eau 237 kg. 5. Quelle est sa contenance en litres? Combien faudrait-il y verser de seaux de 1 décalitre pour l'emplir?

CHAPITRE V

Monnaies.

26. LE FRANC. — L'unité des monnaies est le *franc*. C'est la valeur d'une pièce formée d'argent et de cuivre qui pèse 5 grammes. Le cuivre qui entre pour une faible portion dans la composition de cette pièce, lui donne de la dureté et l'empêche de s'user vite.

27. MULTIPLES ET SOUS-MULTIPLES DU FRANC. — Le franc n'a pas de multiples. On dit 10 francs et non un décafranc.

Les sous-multiples sont

le *décime* qui vaut la dixième partie du franc.

le *centime*   —   centième   —

28. MESURES RÉELLES. — On distingue trois sortes de monnaies :

1° La *monnaie d'argent*. — Les pièces d'argent sont formées d'argent et de cuivre. Il y a 5 pièces d'argent qui valent : cinq francs ; deux francs ; un franc ; 0 franc 50 centimes ; 0 franc 20 centimes.

2° La *monnaie d'or*. — Les pièces d'or sont formées d'or et de cuivre, la proportion de cuivre étant très faible. Il y en a cinq qui valent : 100 francs, 50 francs, 20 francs, 10 francs, 5 francs.

Fig. 15. — Monnaies d'argent.

Fig. 16. — Monnaies d'or.

3° La *monnaie de bronze*. — Les pièces de bronze
sont formées de cuivre et d'étain. Il y en a 4 qui

Fig. 17. — Monnaies de bronze.

valent : 10 centimes; 5 centimes;   centimes
1 centime.

Le centime pèse 1 gramme.

29. **LECTURE ET ÉCRITURE DES NOMBRES RELATIFS
AUX MONNAIES.** — Même règle qu'au n° 13, c'est-à-
dire qu'on écrit le chiffre des décimes à droite du
chiffre des francs, le chiffre des centimes à droite
du chiffre des décimes.

On sépare par une virgule les francs des décimes.

De même, pour convertir un nombre de francs en
décimes ou en centimes, il suffit de déplacer la virgule ou d'ajouter des zéros de façon que le dernier

chiffre entier à droite soit celui qui exprimait des décimes ou des centimes dans le nombre primitif.

Ex. :

25 francs 85 font 258 décimes 5
23 francs font 2 300 centimes.

EXERCICES

SUR LES MONNAIES

EXERCICES ORAUX

1. Comment s'appelle la pièce en bronze qui est : la dixième partie du franc ? la centième partie ?

2. Combien le franc vaut-il : 1° de centimes ? 2° de décimes ?

3. Quel est le sous-multiple du franc qui s'écrit : 1° au rang des centièmes ? 2° au rang des dixièmes ?

4. Combien faut-il de décimes pour faire : 1° 1 franc ? 2° 2 francs ? 3° 3 francs ? 4° 5 francs ? 5° 8 francs ?

5. Combien faut-il de centimes pour faire : 1° 1 franc ? 2° 2 francs ? 3° 3 francs ? 4° 5 francs ?

6. Combien faut-il de centimes pour faire : 1° un décime ? 2° 4 décimes ? 3° 5 décimes ?

7. Combien de centimes dans : 1° 3 décimes ? 2° 7 décimes ?

8. Combien y a-t-il de décimes : dans 25 centimes ? dans 265 centimes ?

9. Combien y a-t-il de francs dans : 360 centimes ? 250 centimes ? 365 centimes ? 9 234 centimes ? 60 décimes ? 600 décimes ? 475 décimes ? 3 275 décimes ?

10. Combien 25 francs valent-ils de décimes ? de centimes ?

11. Combien pèsent : 1° 2 francs ? 2° 6 francs ? 3° 9 francs ? 4° 12 francs ?

12. Combien pèsent : 1° 2 centimes ? 2° 3 centimes ? 3° 6 centimes ? 4° 15 centimes ? 5° 2 décimes ? 6° 8 décimes ? 7° 12 décimes ?

EXERCICES ÉCRITS

1. Écrire en chiffres les nombres suivants :

2 francs 4 décimes ; 7 francs 25 centimes ; 12 francs 6 centimes ; 52 francs 25 centimes ; 148 francs 3 décimes ; 25 centimes ; 17 francs 9 centimes ; 534 décimes ; 7 825 centimes ; 5 décimes.

2. Faire le total des nombres ci-dessus en prenant le franc pour unité.

3. Lire les nombres suivants :

1 fr. 45 — 7 fr. 4 — 8 fr. 05 — 6 fr. 15 — 28 fr. 2 — 134 fr. 65 — 0 fr. 5 — 0 fr. 45 — 0 fr. 05 — 170 fr. 75 — 932 fr. 60.

4. Faire les additions suivantes :

1° 6 francs 8 décimes + 72 francs 15 centimes + 125 francs 8 centimes + 692 francs 75 centimes + 13 francs 8 décimes + 75 centimes + 534 décimes + 1 835 centimes.

2° 7 francs 25 centimes + 9 francs 7 décimes + 435 centimes + 12 francs 5 centimes + 505 décimes.

3° 25 francs 35 centimes + 1 714 francs + 6 324 décimes + 6 francs 85 centimes + 148 325 centimes.

5. Faire les soustractions suivantes :

38 francs 95 centimes — 16 francs 35 centimes.

124 francs 25 centimes — 14 francs 70 centimes.

14 francs 8 centimes — 7 francs 45 centimes.

416 francs 15 centimes — 318 francs 9 centimes.

74 francs 8 décimes — 58 francs 65 centimes.

6 434 francs 25 centimes — 928 francs 9 décimes.

7 835 centimes — 6 francs 5 décimes.

483 francs 4 décimes — 12 355 centimes.

CALCUL MENTAL

1. Une fermière a vendu au marché 8 canards à 4 francs le canard et 10 poulets à 3 francs. Quelle somme totale a-t-elle reçue ?

2. On partage une somme entre 6 enfants et chacun reçoit 50 centimes. Quelle était la somme à partager ?

3. Un ouvrier gagne 4 francs par jour. Combien gagne-t-il dans un mois de 30 jours? Combien a-t-il dépensé s'il lui reste 20 francs sur la paye de ce mois?

4. On partage 1 franc entre 5 enfants. Combien de sous chacun aura-t-il? Combien aurait-il fallu avoir pour donner 8 sous à chacun?

5. Un ouvrier gagne 5 francs par jour et dépense 25 francs par semaine. Combien économise-t-il par semaine? par an?

6. Une personne achète 7 mètres d'étoffe à 5 francs le mètre et donne en paiement 2 pièces de 20 francs en or. On lui rend alors une certaine pièce d'argent. Quelle est cette pièce?

7. Un enfant a dans sa bourse 4 pièces de 1 franc en argent et 6 gros sous. Quelle somme possède-t-il? Quel est le poids de cette somme?

8. Votre mère vous envoie chez l'épicier avec une pièce de 1 franc pour y acheter un paquet de bougies de 0 fr. 85. Quelles pièces l'épicier devra-t-il vous rendre?

9. Votre papa vous envoie chez le marchand de tabac pour acheter des cigares de 2 sous. Il vous donne une pièce de 50 centimes. Combien devez-vous rapporter de cigares?

10. Une personne achète 5 paires de bas à 3 francs la paire et donne en paiement une pièce de 20 francs. Combien doit-on lui rendre? On ne lui rend qu'une pièce d'argent. Quelle est cette pièce? Combien pèse-t-elle?

11. Pour meubler ma salle à manger, j'ai acheté un buffet de 100 francs, une table de 50 francs et 6 chaises coûtant 8 francs chacune. Je donne 2 billets de 100 francs? Combien doit-on me rendre?

12. Je demande au boucher une côtelette de 125 grammes. Voulant m'assurer si je n'ai pas été trompé, je pèse cette côtelette chez moi, et n'ayant pas de poids à ma disposition, je mets 10 gros sous dans le plateau de la balance pour faire équilibre à ma côtelette. Combien me manque-t-il de grammes de viande?

13. Rendez la monnaie sur 20 francs pour un achat de 4 litres de rhum à 3 francs le litre.

14. Combien faudrait-il de pièces de 5 francs en argent pour faire équilibre à 250 grammes?

15. Une somme d'argent se compose de 10 pièces de 5 francs, 7 pièces de 2 francs et 6 pièces de 1 franc. Quelle est cette somme et quel est son poids?

16. Un enfant a dans sa tirelire 5 pièces de 2 francs, 7 pièces de 1 franc, 5 pièces de 0 fr. 10 et 10 pièces de 0 fr. 05. Quelle somme possède-t-il?

17. Une personne achète 12 mètres d'étoffe et donne en paiement 4 pièces de 20 francs, 2 pièces de 10 francs et 4 pièces de 5 francs. Combien coûtait le mètre de cette étoffe?

18. Combien y a-t-il de plumes dans une boîte qui coûte 1 franc si on a 5 plumes pour 1 sou?

PROBLÈMES ÉCRITS

SUR LES MONNAIES

1. Une bourse contient 58 francs en monnaie d'argent et 75 centimes en monnaie de bronze. Cette bourse pesant vide 23 grammes, quel est son poids total quand elle contient cette somme?

2. Une personne achète 135 mètres d'étoffe à 8 fr. 50 le mètre et donne en paiement un billet de 1 000 francs et un autre de 500 francs. Combien doit-on lui rendre?

3. J'ai acheté 5 Dl. 2 de sarrasin à 1 fr. 70 le décalitre et 3 Dl. 8 de petit blé à 1 fr. 60 le décalitre. Je donne une pièce de 20 francs. Combien doit-on me rendre?

4. Pendant le mois de juin, j'ai acheté chez le boucher 13 kilogrammes de viande la 1re semaine, 17 kilogrammes la 2e semaine, 12 kilogrammes la 3e semaine et 14 kilogrammes la 4e semaine. Combien lui dois-je à 65 centimes la livre?

5. Un ouvrier gagne 4 fr. 75 par jour et travaille 317 jours par an. Quelle est sa dépense annuelle, s'il économise 50 centimes pour chacun des 365 jours de l'année?

6. J'ai 3 pièces d'or dans mon porte-monnaie : une pièce de 100 francs, une pièce de 50 francs et une pièce de 20 francs. Ces trois pièces pèsent ensemble 54 gr. 838; la pièce de 100 francs pèse 32 gr. 258 et la pièce de 20 francs pèse 6 gr. 451 ? Quel est le poids de la pièce de 50 francs ?

7. Quel est le poids d'une somme d'argent composée de 75 pièces de 5 francs et 38 pièces de 2 francs ?

8. Le thaler (monnaie allemande en argent) vaut 3 fr. 75, combien valent 12 thalers ?

9. Un épicier a vendu 45 kilogrammes de sucre à 0 fr. 55 la livre et 18 litres d'huile à 1 fr. 60 le litre. Quelle somme doit-il recevoir ?

10. Pour faire une chemise, on emploie 3 mètres de toile à 1 fr. 25 le mètre, pour 10 centimes de fil et 15 centimes de boutons. La façon coûte 1 fr. 20 et l'on veut gagner 1 franc par chemise. Quel sera le prix de vente d'une chemise ? d'une douzaine de chemises ?

11. Un boucher a acheté 7 moutons à 38 francs l'un. Il donne en paiement 3 billets de 100 francs. Combien doit-on lui rendre ?

12. Un parqueteur a acheté 15 planches de chacune 6 m. 50 à raison de 80 centimes le mètre. Il donne en acompte une pièce de 50 francs et une pièce de 20 francs. Combien doit-il encore ?

13. Votre mère a acheté chez l'épicier : 12 kg. 5 de sucre à 1 fr. 20 le kilogramme, 5 kg. 25 de café à 6 fr. 20 le kilogramme et pour 15 fr. 60 de menues épices. Elle donne un billet de 100 francs pour s'acquitter. Combien doit-on lui rendre ?

14. Je mets 13 pièces de 5 francs dans l'un des plateaux d'une balance. Quelle somme en bronze devrai-je mettre dans l'autre plateau pour lui faire équilibre ?

15. Une vache donne par jour en moyenne 15 litres de lait que l'on vend 25 centimes le litre. Son entretien coûte 2 fr. 50 par jour. Quel bénéfice procure-t-elle : par jour ? par semaine ? par mois de 30 jours ?

16. Un enfant avait dans sa bourse : 2 pièces de 20 francs, 4 pièces de 10 francs, 3 pièces de 5 francs, 5 pièces de 2 francs, 8 pièces de 1 franc, 7 pièces de 0 fr. 50, 12 pièces de 0 fr. 10 et 8 pièces de 0 fr. 05. Quelle somme possédait-il ? Au commencement de l'année scolaire, il achète pour 12 fr. 75 de fournitures classiques. Combien lui reste-t-il ?

17. J'achète une pièce de vin pour 120 francs. Je la mets en bouteilles, et pour cela j'achète 325 bouteilles à 16 centimes pièce et autant de bouchons à 2 francs le cent. Combien ai-je dépensé en tout?

18. J'ai acheté 8 timbres à 15 centimes et 10 de 10 centimes. Je donne en paiement une pièce de 5 francs. Combien doit-on me rendre?

19. Un cultivateur a vendu 2 700 kilogrammes de blé à 25 fr. 50 le quintal et 3 250 kilogrammes de seigle à 15 francs le quintal. Il a reçu en acompte un billet de 500 francs. Combien lui doit-on encore?

20. Un sac contenait 1 750 francs en argent. On a retiré de ce sac la somme nécessaire pour payer 12 moutons à 43 fr. 50 l'un. Quel est le poids de la somme qui reste?

21. Un ouvrier qui gagne 60 centimes par heure a travaillé dans un mois 25 jours et 8 heures par jour. Combien doit-il recevoir?

22. Trouver la valeur et le poids d'une somme d'argent composée de 18 pièces de 5 francs, 23 pièces de 2 francs, 17 pièces de 1 franc et 24 pièces de 0 fr. 50.

23. Quel est le bénéfice réalisé par un papetier qui a acheté une grosse de crayons (12 douzaines) pour 13 fr. 50 et qui les revend au détail à 0 fr. 15 la pièce?

24. Un fermier a récolté 28 hectolitres de blé qu'il vend à 24 fr. 50 l'hectolitre. Quel poids de pièces d'argent recevra-t-il pour le prix de sa récolte?

25. Un sac contient 7 pièces de 5 francs en argent, 12 pièces de 1 franc, 8 pièces de 10 centimes et 15 pièces de 5 centimes. Quel est le poids de cette somme?

26. Une somme de 100 francs se compose d'une égale quantité en argent et en bronze. Quel est le poids de cette somme?

27. Un ouvrier prend tous les matins 2 petits verres d'eau-de-vie de 10 centimes chacun et fume pour 15 centimes de tabac par jour. Quelle somme aurait-il à la fin de l'année s'il perdait ces fâcheuses habitudes?

28. Un marchand de vins vend un litre de cognac, qui lui coûte 2 fr. 50, à raison de 15 centimes le petit verre. Quel bénéfice réalisera-t-il si le litre contient 40 petits verres?

29. La douzaine d'œufs valant 75 centimes, quel est le poids de la somme d'argent rapportée par une fermière qui a vendu au marché 24 douzaines d'œufs? Si cette somme était en bronze, combien pèserait-elle de kilogrammes?

30. Un ouvrier gagne 3 fr. 50 par jour et sa femme 1 fr. 50. Quel est le poids de la somme d'argent qu'ils recevront pour 1 mois de 25 jours de travail?

CHAPITRE VI

Mesures de surface.

30. LE CARRÉ. — **Le carré** est une figure qui a quatre côtés égaux et quatre angles droits (fig. 18).

31. LE MÈTRE CARRÉ. — L'unité des mesures de surface est le *mètre carré*, c'est-à-dire *un carré qui a un mètre de côté*.

Fig. 18.

32. MULTIPLES ET SOUS-MULTIPLES DU MÈTRE CARRÉ. — Les multiples du mètre carré sont :

le *décamètre carré* ou *are* qui est un carré de 10 mètres de côté,

l'*hectomètre carré* ou *hectare* qui est un carré de 100 mètres de côté,

le *kilomètre carré* qui est un carré de 1 000 mètres de côté.

Les sous-multiples sont :

le *décimètre carré* qui est un carré de 1 décimètre de côté,

le *centimètre carré* qui est un carré de 1 centimètre de côté.

33. Les diverses mesures de longueur sont de dix

9.

en dix fois plus grandes ou plus petites les unes
que les autres.

Par exemple : le mètre vaut 10 décimètres, le
décamètre vaut 10 mètres.

Les mesures de surface sont de **cent en cent fois
plus grandes ou plus
petites les unes que les
autres.**

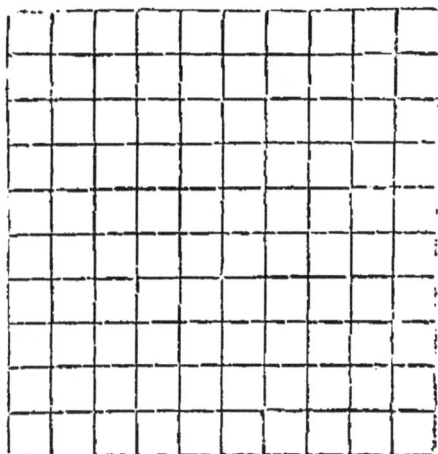

Le mètre carré, par
exemple, vaut 100 déci-
mètres carrés.

En effet, supposons
un mètre carré ; on
peut le diviser, comme
l'indique la figure 19,
en 100 petits carrés
qui ont chacun 1 déci-
mètre de côté. Donc
dans un mètre carré il y a 100 décimètres carrés.

Fig. 19.

De même le décamètre carré vaut 100 mètres
carrés.

En résumé :

le *décamètre carré* ou *are* vaut 100 mètres carrés ;

l'*hectomètre carré* ou *hectare* vaut 10 000 mètres
carrés ;

le *kilomètre carré* vaut 1 000 000 de mètres carrés ;

le *décimètre carré* vaut la centième partie du
mètre carré ;

le *centimètre carré* vaut la dix-millième partie du
mètre carré.

34. Il n'y a pas de mesures réelles de surface.
Mesurer une surface revient à évaluer deux longueurs.

Par exemple, pour évaluer la surface d'un rectangle, on mesure la lon-
gueur et la largeur. Supposons qu'on trouve 9 mètres et
4 mètres (fig. 20).

**La surface d'un rectangle
s'obtient en multipliant la
longueur par la largeur.**

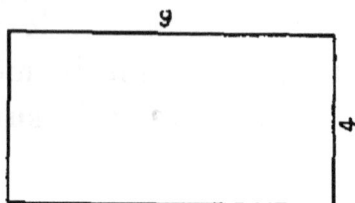

Fig. 20.

Donc la surface du rectangle ci-dessus sera :

$$9 \times 4 = 36 \text{ mètres carrés.}$$

Pour évaluer la surface du rectangle, nous avons
simplement mesuré ses dimensions.

35. **LECTURE ET ÉCRITURE DES NOMBRES EXPRI-
MANT DES SURFACES.** — Supposons que dans le calcul
de la surface d'un rectangle nous trouvions 16 mètres
carrés 432. Nous savons que le décimètre carré est
100 fois plus petit que le mètre carré. Donc le
chiffre qui exprime des décimètres carrés dans le
nombre obtenu est 3. En effet, d'après la numération, le chiffre 3 représente des unités 100 fois plus
faibles que le chiffre 6 qui exprime des mètres
carrés.

Le chiffre 2 représente des dizaines de centimètre carré, puisqu'il exprime des unités 10 fois plus
petites que le chiffre 3.

Le nombre s'écrira donc :

16 mètres carrés 43 décimètres carrés 20 centimètres carrés.

RÈGLE. — **Pour écrire un nombre exprimant une
surface, on place le chiffre des décimètres carrés le
deuxième à droite du chiffre des mètres carrés, le
chiffre des centimètres carrés le deuxième à droite**

du chiffre des décimètres carrés, etc. On sépare par une virgule les mètres carrés des dizaines de décimètres carrés. Pour lire la fraction décimale qui accompagne un nombre de mètres carrés, on la divise en tranches de deux chiffres à partir de la virgule et on ajoute un zéro à sa droite si la dernière tranche n'a qu'un chiffre. La première tranche exprime des décimètres carrés, la deuxième des centimètres carrés.

36. CHANGEMENT D'UNITÉ. — Soit à exprimer le nombre 2 534 mètres carrés en ares.

Dans 2 534 mètres carrés, il y a 25 centaines de mètres carrés et 34 mètres carrés ou 25 ares et 34 mètres carrés. Donc :

2 534 mètres carrés font 25 ares 34 mètres carrés.

ou   25 a   34 mq

RÈGLE. — Pour convertir un nombre exprimant des mètres carrés en ares, en hectares, en décimètres carrés, on déplace la virgule ou on ajoute des zéros de façon que le dernier chiffre entier à droite soit celui qui exprimait des ares, des hectares, etc., dans le nombre primitif.

37. MESURES AGRAIRES. — Les *mesures agraires* sont les mesures employées dans l'évaluation de la surface des champs. Ce sont :

l'*are* qui vaut 100 mètres carrés ;

l'*hectare* qui vaut 100 ares ou 10 000 mètres carrés.

EXERCICES

SUR LES MESURES DE SURFACE.

EXERCICES ORAUX

1. Comment s'appelle le multiple qui vaut : 1° 10 000 mq. ; 2° 1 000 000 mq. ; 3° 100 mq. ?

2. Combien faut-il de mètres carrés pour faire : 1º un hectomètre carré; 2º un décamètre carré; 3º un kilomètre carré; 4º un myriamètre carré?

3. Combien de mètres de côté a : 1º le décamètre carré; 2º l'hectomètre carré; 3º le kilomètre carré; 4º le mètre carré?

4. A quel rang se placent : 1º les hectomètres carrés; 2º les myriamètres carrés; 3º les décamètres carrés; 4º les kilomètres carrés?

5. Comment nomme-t-on un carré : 1º de 0 m. 1 de côté; 2º de 1 mètre de côté; 3º de 0 m. 01 de côté; 4º de 0 m. 001 de côté?

6. Combien le mètre carré vaut-il de centimètres carrés; 2º de millimètres carrés; 3º de décimètres carrés?

7. Quel est le sous-multiple du mètre carré qui s'écrit : 1º au rang des dix-millièmes; 2º au rang des millionièmes; 3º au rang des centièmes?

8. Combien de mètres carrés dans : 3 hectomètres carrés? 4 décamètres carrés? 5 kilomètres carrés? 12 décamètres carrés?

9. Dans le nombre 158 mètres.carrés, combien y a-t-il : 1º de décamètres carrés; 2º de centimètres carrés; 3º de décimètres carrés; 4º de millimètres carrés?

EXERCICES ÉCRITS

1. Écrire en mètres carrés :
7 hmq.? — 12 kmq.? — 38 Dmq.? — 5 Mmq.? — 4 kmq. et 5 hmq.? 9 kmq. et 3 Dmq.? — 3 kmq. et 6 Dmq.? — 7 kmq. et 8 mq.? — 35 hmq. et 5 Dmq.? — 7 kmq. et 15 mq.? — 9 kmq. 4 hmq. et 8 mq.? — 13 kmq. 28 hmq. et 6 mq.?

2. Écrire en chiffres en prenant le mètre carré pour unité :
4 mq. 8 dmq.? — 15 mq. 5 dmq.? — 18 mq. 7 cmq? — 3 mq. 15 cmq.? — 23 mq. 9 cmq.? — 2 mq. 2375 cmq.? — 4 mq. 85 mmq.? — 18 mq. 325 mmq.? — 25 mq. 6 dmq.? — 75 mq. 8 cmq.? — 48 mq. 9 mmq.? — 25875 mmq? — 375 cmq.?

3. Écrire en mètres carrés les surfaces suivantes et les additionner :

4 hmq. =.... 40 000 mq.	12 hmq. 8 Dmq. =.....
6 kmq. =.....	9 kmq. 8 hmq. 25 mq. =
34 Dmq. =.....	35 hmq. 25 Dmq. 8mq. =
28 hmq. =.....	7 Mmq. 8 kmq. 17 Dmq. =
5 hmq. 7 Dmq. =	1 hmq. 75 425 mq. =....
8 kmq. 55 mq. =	9 534 Dmq. 16 mq. =...
Total :	Total : ....

4. Faire les additions suivantes :

(1) 4 mq. + 28 dmq. + 43 cmq. + 1 735 mmq. + 723 cmq. + 6 435 mmq. =

(2) 6 mq. 65 cmq. + 35 mq. 25 dmq + 9 mq. 9 635 mmq. =

(3) 18 dmq. 75 mmq. + 7 876 cmq. + 3 mq. 24 cmq. + 17 mq. 7 348 mmq. =

(4) 1 345 dmq. 9 cmq. + 48 mq. 725 cmq. + 31 276 cmq. 54 mmq. =

(5) 39 mq. 8 dmq. 7 cmq. + 45 mq. 24 cmq. 8 mmq. + 7 846 dmq. =

(6) 38 mq. 72 cmq. 48 mmq. + 614 dmq. 4 832 mmq. + 13 mq. 535 cmq. =

5. Faire les soustractions suivantes :

(1) 7 mq. 35 dmq. — 3 mq. 48 dmq. =

(2) 748 dmq. — 6 325 cmq. =

(3) 9 mq. 8 dmq. 7 cmq — 5 mq. 45 dmq. 38 cmq. =

(4) 37 mq. 485 cmq. — 18 mq. 54 dmq. 734 mmq. =

(5) 6 452 dmq. 735 mmq. — 43 mq. 54 cmq. 36 mmq. =

(6) 143 708 cmq. 9 mmq. — 7 mq. 6 138 =

CALCUL MENTAL

1. Vous dessinez au tableau noir un rectangle de 8 décimètres de long sur 5 décimètres de large ; vous le divisez en décimètres carrés. Combien ferez-vous de carrés ?

2. On veut carreler une salle rectangulaire de 5 mètres de long sur 3 mètres de large avec des carreaux de un décimètre carré de surface. Combien faudra-t-il de carreaux ?

3. Un petit jardin a 7 mètres de long et 6 mètres de large.

Combien pourrait-on y planter de rosiers, en réservant à chacun une surface de un mètre carré?

4. Combien faudrait-il acheter de mètres de treillage pour enclore le jardin précédent? Quelle serait la dépense à raison de 1 franc par mètre courant?

5. Un carré a 10 mètres de côté; quelle est sa surface en mètres carrés? en décamètres carrés? Combien a-t-il de mètres de tour?

6. La toiture d'un bâtiment présente un rectangle de 8 mètres de long sur 5 mètres de large. Quelle est sa surface en mètres carrés? De combien de tuiles se compose-t-elle si chaque tuile couvre une surface de 2 décimètres carrés?

7. Un tapis rectangulaire a 5 mètres de long et 4 mètres de large. Combien a-t-il coûté à raison de 9 francs le mètre carré?

8. Une salle de classe a 9 mètres de long sur 6 mètres de large. Quelle est sa surface? Combien pourra-t-elle contenir d'élèves à raison de 1 mètre carré pour chacun et si le bureau du maître occupe 4 mètres carrés?

9. Un peintre a peint les 8 fenêtres et les 2 portes d'une salle à raison de 1 franc par mètre carré. Combien lui doit-on si chaque fenêtre a 1 mètre carré et chaque porte 3 mètres carrés?

10. Une cour rectangulaire a 6 mètres de long sur 5 mètres de large. On veut la paver avec des pavés de chacun un décimètre carré de surface. Combien en faudra-t-il?

PROBLÈMES ÉCRITS

SUR LES MESURES DE SURFACE

1. Quelle est la valeur d'un tapis carré de 6 m. 80 de côté à 8 fr. 50 le mètre carré?

2. Le lac de Genève a 633 kilomètres carrés de surface et le lac des Quatre-Cantons a 115 kilomètres carrés. De combien la surface du premier surpasse-t-elle celle du deuxième en myriamètres carrés?

3. Un jardin a 65 mètres de long sur 24 mètres de large. Quelle est sa surface en mètres carrés ? Combien a-t-il de mètres de tour ?

4. Quelle serait en mètres carrés la surface qu'on pourrait couvrir avec les 28 feuilles d'un cahier qui ont chacune 2 dmq. 5 de surface ?

5. Dans une cave, une planche destinée à recevoir des bouteilles a 3 m. 8 de long sur 0 m. 35 de large. S'il faut une surface de 1 décimètre carré par bouteille, combien pourra-t-on placer de bouteilles sur cette planche ?

6. Pour tapisser les murs d'une chambre, on a employé 18 rouleaux de papier de chacun 4 mq. 25 de surface. Quelle est la superficie totale des murs de cette chambre ? Quelle a été la dépense si chaque rouleau coûte 1 fr. 70 ?

7. Quelle surface couvrirait-on avec 8 tapis ayant chacun 6 mq. 8 dmq. de surface. Quelle serait la surface découverte sur une étendue de un décamètre carré ?

8. Quel est le prix d'un jardin de 65 m. 4 de long sur 16 m. 6 de large à raison de 75 francs le décamètre carré ?

9. Un tapis de 3 m. 25 de long sur 2 m. 4 de large a été payé à raison de 6 centimes le décimètre carré. Quelle est sa valeur ?

10. Un tapis de 9 m. 75 de long sur 4 m. 50 de large doit être bordé avec du galon qui coûte 0 fr. 15 le mètre. Combien faudra-t-il de mètres de galon ? Combien coûtera-t-il ?

11. Trois frères ont acheté en commun un terrain à raison de 125 francs le décamètre carré. Chacun en a eu une parcelle de 38 m. 5 de long sur 9 mètres de large. Combien la totalité du terrain avait-elle été payée ?

12. Une cour avait une superficie de 458 mq. 6. Une partie rectangulaire de 4 m. 5 de long sur 3 m. 2 de large a été couverte et transformée en hangar. Quelle est la surface de la cour maintenant ?

13. Pour paver une cour, on a employé 1 632 pavés carrés de 2 décimètres de côté. Quelle est la surface de cette cour ? Combien a coûté le travail à raison de 5 fr. 40 par mètre carré ?

14. Une salle de classe a 8 mètres de longueur et 28 mètres de tour. Combien peut-elle contenir d'élèves à raison de 1 par mètre carré ?

15. Une chambre a une superficie de 29 mq. 70 et 4 m. 50 de largeur. Quelle est sa longueur ?

16. Un maçon a blanchi 3 plafonds à raison de 1 fr. 80 le mètre carré. Le premier a une superficie de 38 mq. 85, le deuxième 16 mq. 54 et le troisième 17 mq. 60. Quelle somme doit-on au maçon pour son travail ?

17. Une cloison en briques avait une surface de 22 mq. 85. On y a fait percer 2 portes : l'une de 2 mq. 24 dmq. 85 cmq. et l'autre de 2 mq. 8 dmq. 6 cmq. Quelle surface reste-t-il ?

18. Pour carreler une chambre, on a employé 600 carreaux de chacun 3 dmq. 4 de surface. Combien a coûté le travail à raison de 3 fr. 90 par mètre carré ?

19. Quelle surface pourrait-on carreler avec 3 500 carreaux carrés de 12 centimètres de côté ? Combien coûterait le travail à raison de 0 fr. 16 par décimètre carré ?

20. Un jardin de forme rectangulaire a 6 Dm. 85 de long sur 2 Dm. 48 de large. Quelle est sa surface ? Combien a-t-il de mètres de tour ?

EXERCICES

SUR LES MESURES AGRAIRES

EXERCICES ORAUX

1. Comment s'appelle le multiple qui vaut 100 ares ?

2. Comment se nomme le sous-multiple qui est la centième partie de l'are ?

3. Quel rang occupent : les hectares ? les centiares ?

4. Combien de centiares : 1° dans un hectare ? 2° dans un are ?

5. Combien y a-t-il de centiares dans 25 mètres carrés ? Combien de mètres carrés dans 75 centiares ?

6. Quel multiple du mètre carré équivaut à l'are ?

7. Quel multiple du mètre carré équivaut à l'hectare ?

8. Combien de mètres carrés : 1° dans un are? 2° dans un hectare? · ·

9. Dans le nombre 24 526 mètres carrés, combien y a-t-il : 1° d'hectares? 2° d'ares? 3° de centiares?

10. Combien de mètres carrés : 1° dans 3 hectares? 2° dans 175 centiares? 3° dans 9 ares?

11. Combien de décamètres carrés : 1° dans 9 hectares? 2° dans 375 centiares? 3° dans 24 ares?

12. Combien d'hectomètres carrés : 1° dans 32 hectares? 2° dans 285 ares? 3° dans 176 835 centiares?

EXERCICES ÉCRITS

1. Ecrire les nombres suivants en prenant pour unité l'are :

7 ha.; — 12 ha. 5 a. — 9 ha. 2 a. et 3 ca.; 25 ha. 14 a. et 32 ca.; — 3 ha. 25 ca. — 225 ha. et 9 ca?

2. Ecrire les nombres suivants en prenant pour unité le mètre carré :

12 ha. 75 a. et 48 ca.; — 8 ha. 9 a. et 3 ca.; 458 ha.; — 98 a.; — 9 a. 4 ca.; — 15 ha. et 7 ca.; — 385 ha. et 14 a.

3. Ecrire les nombres suivants en prenant pour unité l'are :

3 hmq. 25 mq.; — 4 875 mq.; — 75 hmq. 45 Dmq. 95 mq.; — 25 kmq. 98 mq.; — 325 Dmq.; — 13 hmq. 654 mq.; — 9 835 mq.; — 7 kmq. 421 hmq. 9 Dmq. 52 mq.

4. Ecrire en ares les surfaces suivantes et en faire le total :

7 ha. =......... 700 a.	38 Dmq. 72 mq. =......
6 ha. 8 a. =...	7 hmq. 528 mq. =......
5 342 ca. =.....	6 kmq. 9 hmq. 72 mq. =
6 ha. 129 ca. =..	63 485 mq. =...........
538 a. 9 ca. =...	9 kmq. 6 172 Dmq. 6 mq. =
Total	Total..............

5. Faire les additions suivantes et exprimer le résultat en ares :

(1) 7 ha. **+** 138 a. 9 ca. **+** 16 h. 435 ca. **+** 65 a. 38 ca. =

(2) 3 hmq. + 516 Dmq. 28 mq. + 61 235 mq. + 17 hmq. 336 mq. =

(3) 53 a. 9 ca. + 7 835 mq. + 6 h. 3 a. 18 ca. + 52 Dmq. + 28 mq. =

(4) 619 a. 5 + 7 ha. 25 + 63 814 ca. + 42 ha. 348 =

(5) 7 h. 6 a. 4 ca. + 3 hmq. 538 mq. + 694 a. 75 =

(6) 39 a. 45 + 7 hmq. 8 Dmq. 6 mq. + 71 365 ca. + 6 h. 545 =

6. Faire les soustractions suivantes et exprimer le résultat en ares :

(1) 7 ha. — 48 a. =

(2) 5 642 a. 9 ca. — 38 h. 7 a. 8 ca. =

(3) 8 hmq. 65 dmq. — 5 h. 396 ca. =

(4) 613 a. 8 ca. — 5 848 mq. =

(5) 676 a. 35 ca. — 2 hmq. 3 456 mq. =

(6) 3 h. 8 a. 9 ca. — 3 824 mq. =

CALCUL MENTAL

1. J'ai acheté un terrain de 50 mètres de long sur 8 mètres de large à raison de 60 francs l'are. Combien ai-je dépensé pour l'achat de ce terrain ?

2. Quelle est la valeur d'un champ de 2 ha. 25 à raison de 1 franc le mètre carré ?

3. 8 ares de prairie ont fourni 72 bottes de foin. Combien cela fait-il de bottes par are ? par hectare ?

4. Quelle est en ares la surface d'un terrain qui a 1 hectomètre de long sur 4 décamètres de large ?

5. Un jardin a une surface de 63 centiares. Sa largeur est 7 mètres. Quelle est sa longueur ? Combien a-t-il coûté à 100 francs l'are ?

6. Un cultivateur a labouré 24 ares de terrain dans une journée de 8 heures. Combien laboure-t-il de mètres carrés par heure ?

7. Sachant qu'il faut 4 litres de grain pour ensemencer un are de terre, combien en faudrait-il pour ensemencer un champ qui a 2 hectomètres de long sur 40 mètres de large ?

8. Un hectare de blé produisant 1 850 litres de grain, combien produirait un are ?

9. A 1 franc le mètre carré, combien ai-je dû payer pour l'achat de deux terrains dont l'un a une surface de 3 ha. et l'autre de 72 ares?

10. Un terrain carré a 5 décamètres de côté. Quelle est sa surface en centiares? Combien a-t-il coûté à 200 francs l'are?

PROBLÈMES ÉCRITS

SUR LES MESURES AGRAIRES.

1. Les terres que je possède ont les surfaces suivantes : 310 a. 25; 58 a. 70; 3 h. 4 325; 2 h. 38 ares; 58 a. 95 centiares; 315 a. 56; 4 h. 528 centiares. Quelle est leur surface totale en hectares, ares et centiares?

2. Quelle est l'étendue cultivable d'un champ ayant une surface totale de 4 h. 85 a. 12 centiares et dans l'intérieur duquel il y a une mare de 6 a. 38 centiares de superficie?

3. Je possédais 3 h. 48 a. 52 centiares de vigne. J'en ai arraché une partie de 72 a. 6 centiares et j'en ai replanté une autre partie de 41 a. 39 centiares. Combien ai-je maintenant d'hectares de vigne?

4. Un terrain avait une surface de 1 h. 8 a. 36 centiares. On y fait passer à l'intérieur un chemin long de 106 mètres et large de 5 m. 20. Combien reste-t-il d'ares de terrain?

5. J'ai acheté à raison de 25 francs l'are un pré rectangulaire de 68 m. 50 de long et 36 m. 40 de large. Quelle somme ai-je dépensée?

6. L'hectare de terre coûtant 3 490 francs, combien paierait-on pour un terrain carré de 3 Dm. 45 de côté?

7. Un plant de vigne occupant une superficie de 0 mq. 50, quelle est en hectares la surface d'une vigne qui contient 32 486 plants?

8. Un champ de blé de 532 a. 48 de superficie m'a rapporté 25 hectolitres de grain par hectare? Combien ai-je récolté d'hectolitres de blé? Quelle somme me produira la vente de ma récolte à 22 francs l'hectolitre?

9. Un parc est planté de 1 846 pieds d'arbres occupant chacun une surface de 12 mq. 50. Il est parcouru par 8 allées semblables ayant chacune 6 a. 58 de superficie. Quelle est l'étendue totale de ce parc en hectares?

10. A 28 francs l'are de vigne, quelle est la valeur de deux vignes dont l'une a 1 h. 18 a. 25 centiares et l'autre 72 a. 98 centiares ?

11. Quelle est l'étendue de 2 terrains dont l'un a 2 h. 56 ares et l'autre 83 a. 28 de moins que le double du premier ?

12. Les 4 quartiers d'un arrondissement de Paris ont les superficies suivantes : le premier 31 h. 82; le deuxième 2 584 ares; le troisième 4 625 ares et le quatrième 8 h. 52 ares de moins que le troisième. Quelle est l'étendue de cet arrondissement ?

13. Quel est le poids de la récolte en blé d'un terrain qui a rapporté 18 litres de grain par are, sachant que sa surface est de 1 h. 52. et que l'hectolitre de ce blé pèse 75 kilos ?

14. Un propriétaire a vendu un champ de 118 ares à raison de 6 500 francs l'hectare et une vigne de 1 h. 5 à 80 francs l'are. Quelle somme a-t-il reçue ?

15. Deux terrains : l'un de 3 ha. 258, l'autre de 46 a. 5 de moins que le premier, ont été achetés à raison de 64 francs l'are. Quelle somme a-t-on déboursée ?

16. Un champ avait une superficie de 432 a. 85. On en a vendu une partie de 1 h. 528 ca. Quelle est la valeur du reste à 0 fr. 25 le mètre carré ?

17. Une propriété se compose d'un bois. de 7 h. 56 a. 48 centiares; d'une vigne ayant 328 a. 72 centiares de moins que le bois et d'un pré ayant 12 a. 35 centiares de plus que la vigne. Quelle est l'étendue de la vigne? celle du pré? l'étendue totale de la propriété ?

18. Un champ avait une superficie de 7 h. 42 centiares. On a semé 1 h. 38 a. 25 centiares en blé; 3 h. 42 ares en seigle et le reste en avoine. Quelle est l'étendue de la partie cultivée en avoine ?

19. Un jardin a une longueur de 342 mètres et une largeur de 54 m. 75. Quelle en est la valeur à raison de 35 francs l'are ?

20. On a arpenté un terrain rectangulaire et on a porté 7 fois la chaîne d'arpenteur dans la longueur et 5 fois dans la largeur. Quelle est l'étendue de ce terrain en ares? Quelle en est la valeur à 1 825 francs l'hectare ?

21. Trois parcelles de terrain contiennent : la première

6 a. 58 centiares ; la deuxième 13 a. 25 centiares et la troisième
3 247 centiares. Quelle en est la valeur totale à 38 fr. 75 l'are ?

22. Un terrain rectangulaire de 112 m. 50 de long sur
68 mètres de large a produit 32 litres d'avoine par are.
Quelle est en hectolitres la récolte totale ?

23. Un hectare d'orge produisant 2 450 litres de grain,
combien récoltera-t-on d'hectolitres d'orge dans un champ
de 2 h. 72 a. ?

24. Une commune a une superficie totale de 818 h. 84 a.
12 centiares, dont 316 h. 26 ares de terres labourables,
94 h. 58 a. 13 centiares de vigne, 114 h. 628 centiares de pré
et le reste en bois. Quelle est l'étendue des bois ?

25. Le lac d'Annecy a une superficie de '28 kilomètres
carrés. La ville de Paris a 780 200 ares. De combien d'hectares la superficie de Paris dépasse-t-elle celle du lac
d'Annecy ?   ·

26. Un marchand de biens a vendu 18 a. 6 centiares de
vigne à 2 800 francs l'hectare ; 32 a. 24 centiares de pré à
24 francs l'are et 14 a. 35 centiares de pré à 0 fr. 20 le mètre
carré. Combien lui est-il dû en tout ?

27. Combien a-t-on payé à raison de 62 francs l'are un
terrain dans lequel on a pu planter 650 arbres en réservant
à chacun une surface de 12 mq. ?

28. Trois propriétés ont : la première 7 h. 29 centiares ; la
deuxième 38 a. 56 centiares de moins que la première et la
troisième 46 a. 28 centiares de plus que la deuxième. Quelle
est leur étendue totale ? Quelle est leur valeur à 10 000 francs
l'hectare ?

29. Dans un terrain carré de 7 Dm. 6 de côté, on a fait
passer un chemin qui en a pris 9 a. 86 centiares. Quelle est
la valeur du reste à raison de 7 620 francs l'hectare ?

30. Un champ de forme rectangulaire a 18 Dm. 75 de long
sur 48 m. 4 de large. Dans l'intérieur de ce champ se trouve
une mare carrée ayant 15 mètres de côté. Quelle est en hectares, ares et centiares la superficie de la partie cultivable ?

CHAPITRE VII

Mesures de volume.

38. LE CUBE. — Le cube est un solide compris entre six faces qui sont des carrés égaux (fig. 21).

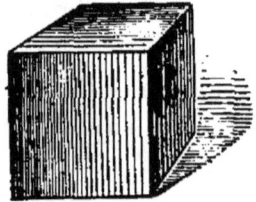

Fig. 21.

Un dé à jouer représente un cube.

Un des côtés des carrés égaux qui forment le cube s'appelle l'*arête* du cube.

39. LE MÈTRE CUBE. — L'unité des mesures de volume est le *mètre cube*, c'est-à-dire *le cube qui a un mètre d'arête.*

40. MULTIPLES ET SOUS-MULTIPLES. — Le mètre cube n'a pas de multiples.

Il a des sous-multiples qui sont de *mille en mille fois plus petits les uns que les autres.*

Ce sont :

le *décimètre cube*, qui est la millième partie du mètre cube,

le *centimètre cube*, qui est la millionième partie du mètre cube.

Donc le mètre cube vaut 1 000 décimètres cubes et 1 000 000 de centimètres cubes.

41. RAPPORT AVEC LES MESURES DE CAPACITÉ. —

Nous savons (15) que le litre est la capacité d'un vase ayant la forme d'un décimètre cube.

Donc le litre équivaut au décimètre cube.

Le mètre cube vaut 1 000 décimètres cubes ou 1 000 litres ou 10 hectolitres.

Le litre vaut 100 centilitres ou 1 000 centimètres cubes.

Donc 1 centilitre vaut 10 centimètres cubes (21).

Fig. 22.

42. Il n'y a pas de mesures réelles de volume. Évaluer un volume revient à évaluer trois longueurs.

Exemple : Évaluer le volume d'une cuve rectangulaire qui a 4 m. 5 de longueur, 2 mètres de largeur et 0 m. 5 de profondeur (fig. 22).

Nous savons que pour trouver le volume d'une salle ou d'une cuve rectangulaire, on multiplie la longueur par la largeur, puis par la profondeur.

Donc le volume cherché est :

$$4, 5 \times 2 \times 0, 5 = 4 \text{ mètres cubes } 5.$$

Pour évaluer le volume du bassin, il suffit donc de mesurer ses trois dimensions.

43. LECTURE ET ÉCRITURE DES NOMBRES EXPRIMANT DES VOLUMES. — Supposons qu'en calculant le volume d'une salle, on trouve 9 mètres cubes 63 271.

Un mètre cube vaut 1 000 décimètres cubes; donc le chiffre qui exprime des décimètres cubes est le chiffre 2, d'après le principe de la numération écrite.

Le chiffre 7 représente des dixièmes de décimètre cube ou des centaines de centimètre cube; le chiffre 1 représente des dizaines de centimètre cube. Donc le nombre s'écrira :

9 mètres cubes 632 décimètres cubes 710 centimètres cubes.

9 mc 632 dmc 710 cmc.

RÈGLE. — **Pour écrire un nombre exprimant un volume, on place le chiffre des décimètres cubes le troisième à droite après le chiffre des mètres cubes, le chiffre des centimètres cubes le troisième à droite de celui des décimètres cubes.**

On sépare par une virgule les mètres cubes des centaines de décimètres cubes.

Pour lire une fraction décimale qui accompagne un nombre de mètres cubes, on la partage en tranches de trois chiffres à partir de la virgule et on ajoute des zéros s'il est nécessaire pour que la dernière tranche à droite ait trois chiffres. La 1re tranche exprime des décimètres cubes, la seconde des centimètres cubes.

44. **CHANGEMENT D'UNITÉ.** — Soit à convertir 6 mètres cubes 2 061 en décimètres cubes. Il suffit de rendre ce nombre 1 000 fois plus grand. On a :

6 206 dmc 1

RÈGLE. — **Pour convertir un nombre de mètres cubes en décimètres cubes ou en centimètres cubes, on déplace la virgule ou on ajoute des zéros de façon que le dernier chiffre entier à droite soit celui qui exprimait des décimètres cubes, des centimètres cubes dans le nombre primitif.**

45. MESURES POUR LE BOIS DE CHAUFFAGE. — Le
mètre cube prend le nom de *stère* quand il sert à
mesurer les bois de chauffage. Il devient alors une
mesure *réelle*.

Le *stère* se compose de deux montants verticaux
en bois, reposant sur un plancher nommé *sole*. Les

Fig. 23.

montants sont distants de 1 mètre; à 1 mètre de
hauteur, ils portent un repère. Ils sont en outre
consolidés par deux contrefiches (fig. 23).

Pour faire un stère de bois, on dispose des
bûches de 1 mètre de long jusqu'à ce que leur
niveau atteigne celui des repères.

Le *stère* a un multiple, le *décastère* qui vaut
10 stères, et un sous-multiple, le *décistère* qui vaut
la dixième partie d'un stère.

46. RAPPORT AVEC LES MESURES DE VOLUME. —
Le *décastère* vaut 10 stères ou 10 mètres cubes ou
10 000 décimètres cubes. Le décistère est la dixième
partie du stère ou du mètre cube. Il vaut donc
100 décimètres cubes.

EXERCICES

SUR LES MESURES DE VOLUME

EXERCICES ORAUX

1. Comment se nomme le sous-multiple qui est : 1° la millième partie du mètre cube ? 2° la millionième partie ?

2. Combien faut-il pour faire un mètre cube : 1° de dmc.? 2° de cmc.?

3. Combien faut-il pour faire un décimètre cube : 1° de centimètres cubes ? 2° de millimètres cubes ?

4. Combien faut-il de millimètres cubes pour faire un centimètre cube ?

5. Quel rang occupent : 1° les centimètres cubes ? 2° les décimètres cubes ? 3° les millimètres cubes ?

6. Comment appelle-t-on un cube : 1° de 0 m. 1 de côté ou d'arête ; 2° de 1 mètre de côté ? 3° de 0 m. 001 de côté ? 4° de 0 m. 01 de côté ?

7. A quel sous-multiple du mètre carré correspond chaque face : 1° du centimètre cube ? 2° du mètre cube ? 3° du millimètre cube ? 4° du décimètre cube ?

8. Dans le nombre 8 mètres cubes combien y a-t-il : 1° de décimètres cubes ? 2° de centimètres cubes ? 3° de millimètres cubes ?

EXERCICES ÉCRITS

1. Écrire les nombres suivants en prenant pour unité le mètre cube :

325 dmc. — 75 dmc. — 8 dmc. — 748 cmc.

48 cmc. — 2 cmc. — 988 cmc. — 33 mmc.

7 mmc. — 3 mc. 75 dmc. et 53 cmc.

333 dmc 275 cmc. et 27 mmc. — 8 dmc. 7 cmc. et 375 mmc. 2 875 dmc. 39 mmc.

2. Écrire les nombres suivants en prenant pour unité le décimètre cube :

7 cmc. — 25 cmc. — 287 cmc. — 9 mmc.

19 mmc. — 253 mmc. — 88 cmc. 75 mmc.

325 cmc. 2 mmc. — 33 cmc. 229 mmc.

8 375 cmc. 92 mmc.

3. Faire les additions suivantes :

(1) 3 mc. 425 dmc. + 645 dmc. + 13 489 cmc. + 614 225 mmc. =

(2) 4 mc. 55 dmc. + 6 mc. 4 834 cmc. + 13 264 dmc. + 16 mc. 8 935 cmc. =

(3) 18 mc. 8 dmc. 7 cmc. + 12 mc. 5 dmc 95 mmc. + 62 375 cmc. + 8 826 dmc. =

(4) 6 mc. 141 375 mmc. + 37 dmc. 8 cmc. 12 mmc. + 3 456 dmc. 6 735 mmc. =

(5) 392 cmc. 605 mmc. + 12 mc. 6 137 cmc. + 3 mc. 78 154 mmc. =

4. Faire les soustractions suivantes :

(1) 6 mc. 345 dmc. — 3 mc. 124 dmc. =

(2) 138 dmc. 385 cmc. 48 mmc. — 96 dmc. 45 cmc. 36 mmc. =

(3) 7 mc. 45 dmc. 38 cmc. 9 mmc. — 6 mc. 128 dmc. 175 cmc. 95 mmc. =

(4) 45 mc. 838 cmc. 825 mmc. — 17 mc. 1 745 dmc. 75 mmc. =

(5) 27 mc. 63 dmc. 7 815 mmc. — 7 848 dmc. 635 cmc. =

(6) 12 557 dmc. 74 208 mmc. — 9 mc. 61 428 cmc. =

CALCUL MENTAL

1. Quelle est la longueur totale des arêtes : 1° du décimètre cube ? 2° du centimètre cube ? 3° du millimètre cube ?

2. Combien valent ensemble les faces du décimètre cube : 1° de décimètres carrés ? 2° de centimètres carrés ? 3° de millimètres carrés ?

3. Quelle serait la surface du carton nécessaire pour faire une boîte cubique de 2 décimètres de côté ? Combien coûterait ce carton à 1 centime le décimètre carré ?

4. Un morceau d'ivoire ayant la forme d'un cube de 1 décimètre d'arête a été divisé en petits cubes de 1 centimètre de côté pour faire des dés à jouer. Combien a-t-on pu faire ainsi de petits cubes ?

5. Le décimètre cube de fer pesant 7 kilogrammes, combien pèse : 1° le centimètre cube ? 2° le mètre cube ?

6. Une boîte cubique de 0 m. 3 d'arête a été peinte sur ses 6 faces à raison de 1 franc le mètre carré. Quelle a été la dépense ?

7. Une brique de savon de 0 mc. 060 de volume a été

vendue à raison de 0 fr. 50 le décimètre cube; quelle somme a-t-on reçue?

8. Le mètre cube de sable pesant 3 000 kilogrammes, quel est le poids du décimètre cube? Quel serait le poids du sable contenu dans une brouette de 40 décimètres cubes?

PROBLÈMES ÉCRITS

SUR LES MESURES DE VOLUME

1. Un charpentier a posé 5 poutres ayant les volumes suivants : 1 mc. 375; 0 mc. 52; 0 mc. 32 725; 1 mc. 6; 0 mc. 128 435. Exprimer le volume total en mètres cubes, décimètres cubes et centimètres cubes?

2. Deux tas de pierres ont : le 1er 18 mc. 45; le 2o 5 mc. 535 dmc. de moins que le 1er. Trouver : 1o le volume du 2o tas; 2o le volume total.

3. Un charretier doit enlever 4 tas de terre ayant les volumes suivants : 7 mc. 48 dmc.; 11 mc. 8 dmc.; 7 mc. 138 dmc.; 3 mc. 125 dmc. Quel est le volume total de ces tas de terre?

4. Un maçon a construit 2 murs : l'un de 6 mc. 75 dmc. et l'autre de 8 mc. 955 dmc. Quelle somme doit-il recevoir à raison de 24 fr. 80 le mètre cube de maçonnerie?

5. Un bloc de pierre de taille avait un volume de 1 mc. 634. Après avoir été taillé, il n'a plus que 870 dmc. Quel est le volume des déchets?

6. Un bassin peut contenir 18 mc. 75 d'eau. Il en contient 11 mc. 75 dmc. Que lui manque-t-il pour être plein?

7. Un tas de décombres de 132 mc. 8 doit être transporté avec un tombereau d'une contenance de 2 mc. 75 dmc. Combien fera-t-on de voyages?

8. Un mètre cube de bon fumier pesant 715 kilogrammes, quel est le poids de 6 mc. 84 dmc. de ce fumier?

9. Quel est le volume d'une caisse ayant les dimensions suivantes : longueur 0 m. 74, largeur 0 m. 60 et hauteur 0 m. 45?

10. On veut creuser un fossé long de 124 mètres, large

10.

de 0 m. 45 et haut de 0 m. 60. Quel est le volume de terre à enlever?

11. Une citerne de 1 m. 80 de long, 0 m. 75 de large et 1 m. 20 de haut est pleine d'eau. Quel est le poids de cette eau, le décimètre cube pesant 1 kilogramme?

12. Une classe a 8 mètres de long, 6 m. 50 de large et 3 m. 50 de hauteur. Quel est son volume d'air?

13. Pour construire une maison ayant 8 m. 50 de long et 6 m. 30 de large, on doit creuser les fondations à 1 m. 80 de profondeur. Quel sera le volume de la terre à enlever? Quelle quantité du travail faudra-t-il faire par jour si on veut l'achever en 4 jours?

14. Quel est le poids d'une barre de fer de 8 m. 40 de long, 0 m. 16 de large et 0 m. 05 d'épaisseur, si le décimètre cube de fer pèse 7 kg. 8?

15. Une salle de classe de 8 mètres de long, 4 m. 50 de large et 4 mètres de haut doit contenir 38 élèves. Quelle est la quantité d'air réservée à chaque élève?

16. Une troupe d'ouvriers devait faire une tranchée de 350 mc. Elle a déjà creusé une partie de 8 m. 50 de long, 6 m. 40 de large et 3 m. 50 de hauteur. Quelle quantité reste-t-il à faire?

17. Dans une pension, le dortoir a 30 mètres de long, 6 mètres de large et 4 m. 50 de haut. Combien peut-il recevoir d'élèves à raison de 15 mètres cubes d'air par élève?

18. Un bec de gaz consommant en moyenne 650 décimètres cubes de gaz chaque jour, combien devra-t-on pour l'éclairage d'un mois de 30 jours si le mètre cube de gaz coûte 0 fr. 25?

19. On a acheté, à raison de 15 francs le mètre cube, trois tas de pierre ayant les volumes suivants : le 1er 12 mc. 45, le 2e 7 mc. 856 et le 3e 1 mc. 528 décimètres cubes de moins que le 2e. Combien doit-on?

20. Un maçon a construit, à raison de 25 fr. le mètre cube, un mur long de 68 mètres, haut de 3 m. 20 et épais de 0 m. 30. Quelle somme doit-il recevoir?

21. On veut transporter un tas de charbon de 17 mc. 01 avec une brouette qui en contient 135 décimètres cubes. Combien faudra-t-il faire de voyages?

22. J'avais demandé 8 mètres cubes de sable et l'on m'en apporte 8 tombereés de chacune 0 mc. 825. Ai-je mon compte ? Combien ai-je en trop ou en moins ?

23. Quelle somme devrait-on payer pour faire creuser un fossé de 45 mètres de long, 50 centimètres de large et 0 m. 65 de haut à raison de 3 fr. 50 le mètre cube ?

24. On doit enlever un tas de terre de 2 m. 5 de long, 1 m. 40 de large et 0 m. 80 de haut avec une brouette qui contient 70 décimètres cubes. Combien fera-t-on de voyages ?

25. Un bloc de pierre de taille ayant la forme d'un cube de 1 m. 20 de côté a été taillé à raison de 5 fr. 50 par mètre carré. Combien a coûté la taille de cette pierre ?

EXERCICES

SUR LES MESURES DU BOIS DE CHAUFFAGE

EXERCICES ORAUX

1. Comment s'appelle le multiple qui vaut 10 stères ?

2. Comment se nomme le sous-multiple qui est la dixième partie du stère ?

3. Quel rang occupent : 1° les décastères ? 2° les décistères ?

4. Combien de décistères : 1° dans un décastère ? 2° dans un stère ?

5. Combien y a-t-il de décistères dans 25 stères ?

6. Combien de stères : 1° dans 75 décastères ? 2° dans 45 décistères ?

7. Combien le décastère vaut-il de mètres cubes ?

8. Combien de décistères dans un mètre cube ?

9. Dans le nombre 2 537 décistères, combien : 1° de décastères ? 2° de décistères ? 3° de mètres cubes ?

10. Dans le nombre 3 239 décastères combien : 1° de stères ? 2° de décistères ; 3° de mètres cubes ?

EXERCICES ÉCRITS

1. Écrire les nombres suivants en prenant pour unité le stère :

8 décast.; — 15 décast. 6 stères; — 7 décast. 3 stères et 5 décist.;

48 décast. 5 stères et 9 décist.; — 134 décast. 2 stères et 9 décistères.

2. Écrire les nombres suivants en prenant pour unité le mètre cube :

35 décast. 8 stères et 9 décist.; — 8 décast. et 6 décist.; 368 décast. 7 stères et 5 décist.; — 489 décast. et 3 décist.; 322 décast. 9 stères et 2 décist.

3. Écrire les nombres suivants en prenant pour unité le stère :

3 mc.; — 75 mc.; — 3 729 mc. — 6 mc. et 76 dmc.; — 12 mc. et 925 dmc.; — 3 975 dmc.;

833 dmc.; — 49 dmc.

4. Faire les additions suivantes en prenant le stère pour unité :

(1) 4 décast. 8 st. 5 décist. + 37 st. 8 décist. + 15 décast. 2 st. 9 décist. + 6 décast. 32 décist. + 38 st. 7 décist. =

(2) 172 st. 7 décist. + 7 décast. 48 décist. + 35 st. 2 décist. + 95 décast. 7 décist. =

(3) 35 st. 8 décist. + 7 décast. 9 st. 6 décist. + 749 décist. + 72 st. 4 décist. =

5. Faire les soustractions suivantes :

(1) 8 décast. 7 st. 9 décist. — 6 décast. 8 st. 6 décist. =

(2) 3 décast. 82 décist. — 15 st. 9 décist. =

(3) 12 décast. 7 st. 9 décist. — 6 décast. 38 décist. =

(4) 145 st. 8 décist. — 7 décast. 9 st. 3 décist. =

(5) 39 décast. 6 décist. — 738 décist. =

CALCUL MENTAL

1. J'ai acheté un demi-stère de bois à 14 francs le stère. Je donne une pièce de 10 francs. Combien doit-on me rendre?

2. Je brûle en moyenne un demi-stère de bois par mois. Combien dois-je acheter de stères pour une année? Quelle sera la dépense à 10 francs le stère?

3. A 12 fr. 50 le stère de bois, combien coûtent : 1° le décastère? 2° le décistère?

4. Un stère de bois de chêne pesant 860 kilogrammes, combien pèsent : 1° un décistère? 2° un décastère?

5. A 10 francs le stère de bois, combien coûtent 8 décistères ?

6. Le décistère de bois valant 1 fr. 50, quel est le prix du stère ? du décastère ?

7. Mon marchand de bois devait me fournir 2 stères de bois. Il m'en a apporté une 1re fois 8 décistères, une 2e fois 7 décistères. Que me doit-il encore ?

8. J'ai acheté 3 tas de bois à raison de 100 francs le décastère. Le 1er a 7 mètres cubes, le 2e 8 mètres cubes, le 3e 5 mètres cubes. Combien ai-je de stères de bois en tout ? Combien ai-je dépensé ?

9. Deux tas de bois ont : le 1er 0 mc. 6, le 2e 0 st. 3. Combien manque-t-il à chacun pour avoir un stère ? Quelle est leur valeur à 10 francs le stère ?

10. J'ai acheté 2 décastères de bois, que je fais apporter chez moi par un charretier à qui je donne 0 fr. 75 par voyage. Combien dois-je à ce charretier si sa voiture contient 2 stères ?

PROBLÈMES ÉCRITS

SUR LES MESURES DU BOIS DE CHAUFFAGE

1. Deux tas de bois contiennent : le 1er 3 st. 5 et le 2e 8 décistères de moins que le 1er. Quel est le volume du 2e tas ? Quel est leur volume total ?

2. Quel est le prix de 2 Dst. 5 de bois à raison de 15 fr. 50 le stère ?

3. Quel est le prix de 4 voitures de bois contenant chacune 38 décistères à 12 fr. 50 le stère ?

4. Trois piles de bois ont : la 1re 5 st. 8 ; la 2e 1 st. 4 de plus que la 1re, et la 3e 8 décistères de moins que la 2e. Quel est leur volume total ?

5. On demande quel est le prix d'une pile de bois de 18 mc. 45 à 150 francs le décastère ?

6. Quel est le volume d'un tas de bois mesurant 4 m. 20 de long, 1 m. 10 de large et 1 m. 30 de haut ? Combien contient-il de décistères de bois ?

7. La coupe d'un taillis de 532 mètres carrés de surface a.

donné 2 dst. 5 de bois par mètre carré. Quel est en décastères le volume total du bois produit par cette coupe?

8. Un marchand de bois avait 7 Dst 5 de bois sous un hangar. Il en a déjà vendu 48 st. 75. Quelle est la valeur de ce qui reste à 16 francs le stère?

9. On devait me livrer 8 stères de bois et l'on m'en a apporté 3 voitures : la 1ʳᵉ de 2 st. 9; la 2ᵉ de 35 décistères et la 3ᵉ de 14 décistères. Combien me manque-t-il de décistères de bois?

10. A 14 fr. 50 le stère de bois, quelle est la valeur d'un tas de bois qui en contient 2 décastères 8 décistères?

11. J'achète 5 st. 2 de bois à 30 francs le double stère. Combien dois-je?

12. Le stère de bois de hêtre coûtant 9 fr. 20, combien aurait-on de stères et de décistères de ce bois pour 115 francs?

13. Un tas de bois contient 6 mc. 300 dmc. Quel est son volume en stères et décistères et quelle est sa valeur à 12 fr. 50 le stère?

14. Un stère de bois de chêne pesant 850 kilogrammes, quelle est la charge d'un cheval qui en mène 36 décistères?

15. Un bûcher contient un tas de bois de 3 m. 50 de long, 0 m. 80 de large et 2 m. 10 de haut. Combien y en a-t-il de stères? Quelle en est la valeur à 14 fr. 50 le stère?

16. Trois piles de bois contiennent : la 1ʳᵉ 1 Dst. 64, la 2ᵉ 3 st. 7 de moins que la 1ʳᵉ et la 3ᵉ 18 dst. de plus que la 2ᵉ. Quel est en stères leur volume total?

17. Quel est le poids du bois contenu dans un coffre plein, ayant 1 m. 2 de long, 0 m. 8 de large et 0 m. 6 de haut si le décistère de ce bois pèse 56 kilogrammes?

18. Combien aurai-je de décastères de bois pour 250 francs si le stère coûte 12 fr. 50? Quel en sera le poids si le décistère pèse 65 kilogrammes?

19. Le stère de bois payant 9 fr. 65 de droits d'entrée dans une ville, combien doit un charretier qui en conduit deux voiturées : l'une de 56 décistères et l'autre de 4 mc. 8?

20. Je brûle en moyenne 6 dst. de bois par mois. J'en ai déjà 3 st. 8 dans mon bûcher. Combien faut-il que j'en achète encore pour compléter ma provision pour une année?

21. J'achète une corde de bois de 3 m. 24 de long, 1 m. 50 de large et 0 m. 80 de haut à raison de 14 francs le stère. Je donne en paiement un billet de 100 francs. Combien doit-on me rendre?

22. J'ai acheté un tas de bois de 1 Dst. 2 à raison de 148 francs le décastère. Je paye en outre pour le faire scier 2 fr. 50 par stère. Combien me coûte réellement ce bois?

23. Un bûcher de 4 m. 60 de longueur et 3 m. 80 de largeur est plein de bois jusqu'à une hauteur de 0 m. 70. Quelle est la valeur de ce bois à 125 francs le décastère?

24. Un marchand de bois avait 2 piles de bois : l'une de 6 Dst. 4 et l'autre de 48 stères. Il en a vendu 538 décistères dans un mois et 28 st. 4 décistères le mois suivant. Combien lui en reste-t-il?

25. Trouver le prix du décastère de bois sachant que pour en payer 6 stères on a donné 8 m. 50 de drap à 9 fr. 60 le mètre.

PROBLÈMES DE RÉCAPITULATION

SUR LE SYSTÈME MÉTRIQUE

1. On a acheté 45 centimètres de fourrure à 9 francs le mètre. Combien doit-on payer pour cet achat?

2. Que doit-on payer pour une pièce de vin de 225 litres à 45 francs l'hectolitre?

3. Que doit-on payer pour une balle de café pesant 75 kg. 6 à 350 francs le quintal?

4. Louis a 1 m. 28. Il lui manque encore 26 centimètres pour avoir la taille exigée dans l'infanterie. Quelle est cette taille?

5. Un épicier donne un décilitre de noisettes pour un sou. Combien en donnerait-il de litres pour 4 francs?

6. On a payé 3 fr. 50 pour 25 centimètres d'étoffe. Quel est le prix du mètre de cette étoffe?

7. A raison de 6 francs le kilogramme, combien dois-je payer pour 4 hectogrammes?

8. Un fermier a récolté 45 quintaux de blé. L'hectolitre pesant 75 kilogrammes, quelle est cette récolte en hecto-litres?

9. La pièce de 5 centimes ayant 25 millimètres de dia-mètre, combien faudrait-il mettre de ces pièces bout à bout pour obtenir une longueur de 5 m. 75?

10. J'achète pour l'hiver 5 250 kilogrammes de charbon à raison de 5 fr. 20 le quintal. Combien dois-je?

11. Quelle est la valeur d'une grande feuille de timbres-poste qui en contient 15 rangées de 10 timbres chacune? Ces timbres sont de 15 centimes.

12. J'ai récolté 7 quintaux et demi de foin et je l'ai fait mettre en bottes de 5 kilogrammes. Combien y a-t-il de bottes?

13. Quelle somme recevrai-je en vendant chaque botte de la récolte précédente 65 centimes?

14. On a creusé un fossé de 29 mc. 41. Pour enlever la terre ainsi obtenue, on s'est servi d'un tombereau qui a une contenance de 865 décimètres cubes. Combien a-t-il fallu faire de voyages?

15. Combien faudrait-il de seaux d'une contenance de 1 Dl. 2 pour emplir une chaudière qui contient 1 932 litres?

16. Combien doit-on payer pour 8 barriques de vin de chacune 225 litres à raison de 37 francs l'hectolitre?

17. Un épicier a vendu 4 paquets de sucre : le 1er de 2 kg. 500 grammes; le 2e de 12 hg. 5; le 3e de 35 déca-grammes et le 4e de 500 grammes. Quel est le poids total de ces 4 paquets? Combien l'épicier a-t-il reçu à 1 fr. 30 le kilogramme?

18. Quel est le poids d'une somme en bronze composée de 38 pièces de 10 centimes et 53 pièces de 5 centimes?

19. J'ai acheté un terrain de 48 a. 2 à raison de 3 500 francs l'hectare. J'ai donné 1 000 francs. Combien dois-je encore?

20. Une roue de voiture a 2 m. 50 de circonférence. Com-bien fera-t-elle de tours pour franchir une distance de 3 km. 7 hm.?

21. Une pièce de ruban de 3 Dm. 4 a été achetée à raison de 15 centimes le mètre. Combien cette pièce a-t-elle coûté?

22. Une pièce de dentelle avait 12 mètres. On l'a divisée en morceaux de 75 centimètres. Combien a-t-on obtenu de ces morceaux ? Combien a-t-on reçu en vendant chaque morceau 50 centimes ?

23. Un marchand de bois a vendu 7 décastères de bois à raison de 12 fr. 65 le stère. Quelle somme a-t-il reçue ?

24. Une lampe brûle 45 grammes d'huile par heure. Le kilogramme d'huile coûtant 1 fr. 60, quelle serait la dépense pour l'éclairage de 12 heures ?

25. Un litre de blé pesant 768 gr. 5, quel serait le poids d'un sac qui contiendrait 7 Dl. 5 de blé et qui pèse 2 kg. 5 étant vide ?

26. Un tonneau contenait 2 hl. 28 de vin. On en a tiré pendant 45 jours à raison de 2 l. 4 par jour. Combien reste-t-il de décalitres de vin dans ce tonneau ?

27. Pour faire une paire de bas, on emploie 150 grammes de laine coûtant 8 fr. 60 le kilogramme. Quel sera le prix de la laine nécessaire pour faire 2 douzaines de paires de bas ?

28. Une somme se compose de 17 fr. 50 en argent et 3 fr. 75 en bronze. Quel est le poids de cette somme ?

29. Le cuivre valant 150 francs le quintal, combien en aurait-on de kilogrammes pour 48 fr. 75 ?

30. J'ai acheté un baril de bière de 65 litres à raison de 24 francs l'hectolitre. Je donne une pièce de 20 francs. Combien doit-on me rendre ?

31. J'ai acheté une bonbonne d'huile d'olive d'une contenance de 1 Dl. 8. Cette huile pesant 0 kg. 85 le litre, quel est le poids de cette bonbonne pleine si elle pèse 3 kg. 725 quand elle est vide ?

32. Un marchand m'a fourni un tuyau de plomb pesant 44 kg. 8 à raison de 35 francs le quintal. Je ne lui ai donné en paiement que 7 pièces de 2 francs. Combien lui dois-je encore ?

33. Le litre d'eau-de-vie valant 3 fr. 50, combien paierait-on pour 10 bouteilles contenant chacune 75 centilitres de cette eau-de-vie ?

34. J'ai acheté une pièce de vin de 225 litres à raison de 4 francs le décalitre. J'ai dû payer en outre 3 fr. 50 de droits par hectolitre. Combien me coûte réellement ma pièce de vin ?

35. Un commerçant devait les sommes suivantes : 785 francs, 318 fr. 75, 475 fr. 20, 938 fr. 55. Il donne en paiement 2 billets de 1 000 francs et un de 500 francs. Combien doit-il encore ?

36. Un ouvrier prend tous les matins un petit verre d'eau-de-vie de 15 centimes et le soir un verre d'absinthe de 25 centimes. Il fume pour 20 centimes de tabac par jour. Quelle somme cet ouvrier dépense-t-il ainsi inutilement par an ?

37. Pour une tasse de café, on emploie 15 grammes de café à 6 francs le kilogramme et 20 grammes de sucre à 1 fr. 80 le kilogramme. A combien revient une tasse de café ?

38. Un réservoir contenait 17 hl. 8 litres d'eau. On en a retiré 40 seaux de chacun 12 l. 5. Combien reste-t-il de décalitres d'eau dans ce réservoir ?

39. Un cultivateur a 3 champs de blé : le 1er de 2 ha. a. ; le 2e de 75 a. 50 ca. et le 3e de 3 ha. 25 ca. Quelle est l'étendue totale de ces trois champs de blé ?

40. J'ai acheté 3 tas de bois à raison de 15 francs le stère : le 1er en contient 2 décastères ; le 2e, 17 stères ; le 3e, 75 décistères. Quelle somme ai-je dépensée en tout ?

41. Quel est le poids d'une pièce de 2 hl. 18 pleine de vin sachant que le litre de vin pèse 0 kg. 95 et que le tonneau vide pèse 14 kg. 85 ?

42. Une pièce de toile de 2 Dm. 4 avait été achetée pour 85 francs. Combien devra-t-on revendre le mètre de cette toile pour gagner 15 fr. 80 sur le tout ?

43. Quelle somme retirera-t-on de la vente de 24 sacs de blé pesant chacun 75 kilogrammes à raison de 28 fr. 40 le quintal ?

44. Quelle est la valeur d'une barre de fer ayant un volume de 48 décimètres cubes, sachant que le décimètre cube de fer pèse 7 kg. 8 et que le quintal vaut 40 francs ?

45. Un omnibus ordinaire parcourt 100 mètres par minute et un tramway parcourt 6 km. 8 par heure. Combien de mètres le tramway a-t-il parcourus de plus que l'omnibus en 8 heures de marche ?

46. J'ai acheté 12 sacs de coke contenant chacun 75 litres à raison de 2 fr. 50 l'hectolitre et 500 kilogrammes de charbon à 5 fr. 50 le quintal. Combien ai-je dépensé : 1° pour le coke ; 2° pour le charbon ; 3° en tout ?

47. Une avenue longue de 5 hm. 6 a été plantée de 4 rangées d'arbres espacés de 4 mètres l'un de l'autre. Combien a-t-il fallu faire de trous pour la plantation de ces arbres ? A combien s'est élevée la dépense à raison de 0 fr. 75 par arbre ?

48. Un champ de blé m'a produit 1 450 litres de grain et 3 225 kilogrammes de paille. Quelle est la valeur totale de cette récolte si le blé vaut 24 francs l'hectolitre et la paille 8 fr. 50 le quintal ?

49. Un terrain a une superficie totale de 3 h. 25 ca. A l'intérieur, se trouve une mare de 1 250 mètres carrés de surface. Quelle est l'étendue de la partie cultivable ?

50. Un pharmacien avait acheté 7 kg. 2 de bois de quinquina pour 115 francs. Il a revendu ce bois à raison de 2 fr. 40 l'hectogramme. Quel bénéfice a-t-il réalisé ?

51. Un jardin de 8 a. 25 a coûté 350 francs. On le revend à raison de 0 fr. 65 le mètre carré. Quel bénéfice réalisera-t-on ?

52. On a acheté un terrain de 2 ha. 25 a. à raison de 18 francs l'are et l'on a payé la somme rien qu'en pièces de 5 francs en argent. Combien a-t-on donné de pièces ? Quel est le poids de la somme ?

53. On a fait enlever un tas de terre de 2 mc. 625 avec une brouette d'une contenance de 75 décimètres cubes. L'ouvrier chargé de ce travail a été payé à raison de 20 centimes par voyage. Combien a-t-il reçu ?

54. Le double décalitre de blé pesant 15 kilogrammes, combien paiera-t-on pour 50 sacs contenant chacun 6 doubles décalitres à raison de 25 francs le quintal ?

55. On a acheté 6 m. 5 cm. d'étoffe valant 54 fr. 60 la pièce de 10 mètres. Combien doit-on payer ?

56. Un voyageur devait parcourir 124 kilomètres en 3 jours de marche. Le 1er jour, il a fait 35 km. 8 hm. et le 2e jour 3 km. 25 dm. de plus que le 1er jour. Combien lui reste-t-il à faire pour le 3e jour ?

57. Le quintal de farine valant 31 fr. 50, combien paiera-t-on pour 15 sacs de farine qui en contiennent chacun 318 kilogrammes ?

58. Un tonneau de vin de 210 litres a été mis en bouteilles de 75 centilitres que l'on a vendues 75 centimes la bouteille. Quelle somme a-t-on retirée de la vente de ce vin ?

59. Sachant qu'il faut 212 litres de blé pour ensemencer un are de terrain, combien faudra-t-il d'hectolitres de blé pour ensemencer 2 champs : l'un de 6 a. 45, et l'autre de 325 centiares ?

60. Un marchand a mis dans un grand tonneau : 3 hl. 85 de vin à 4 francs le décalitre et 600 litres d'un autre vin valant 45 francs l'hectolitre. Combien a-t-il mélangé de litres de vin ? Quelle est la valeur du mélange ?

61. Une citerne contenant 2 mc. 400 a été vidée à l'aide d'un seau contenant 12 décimètres cubes. Combien a-t-on retiré de seaux d'eau ?

62. Un gigot pesant 3 kg. 6 hectogrammes a été payé 9 francs. On demande quel est le prix du kilogramme de cette viande ?

63. Trois mottes de beurre pèsent : la 1re, 7 kg. 8 ; la 2e, 35 décagrammes de moins que la 1re ; la 3e, 4 hectogrammes de plus que la 2e. Trouver : 1o le poids de chaque motte ; 2o leur poids total ; 3o leur valeur totale à 3 fr. 20 le kilogramme.

64. Combien faudrait-il de pièces de 5 centimes pour faire une somme de 17 fr. 50 et quel serait le poids de cette somme en kilogrammes ?

65. La distance de Paris à Marseille étant de 88 Mm. 4, on demande combien il faudra de temps à une locomotive qui parcourt 68 kilomètres à l'heure pour franchir cette distance.

66. Une gerbe de blé fournissant en moyenne 42 décilitres de grain valant 24 francs l'hectolitre, quelle est la valeur du grain récolté dans un champ qui a fourni 538 gerbes ?

67. On veut carreler une chambre qui a une surface de 38 mq. 64 avec des carreaux ayant 2 dmq. 4 de superficie. Combien faudra-t-il de carreaux ? Quelle somme dépensera-t-on si le mille de ces carreaux coûte 34 francs ?

68. Une cuve contenait 76 hl. 50 de vin avec lequel on a empli des tonneaux contenant chacun 225 litres et vendus chacun 112 francs. Combien a-t-on empli de tonneaux? Quelle somme retirera-t-on de leur vente?

69. N'ayant pas de poids réels, on s'est servi, pour peser une marchandise, de 18 pièces de 1 franc en argent et de 35 pièces de 5 centimes. Quel est en hectogrammes le poids de cette marchandise?

70. J'ai acheté pour 748 francs de vin à raison de 0 fr. 50 le litre. Combien ai-je de doubles décalitres de vin?

71. Un bloc de savon de Marseille de 0 mc. 228 est divisé en morceaux de chacun un décimètre cube. Combien a-t-on fait de morceaux? Quelle somme recevra-t-on en vendant chaque morceau 0 fr. 85?

72. Une chambre a 6 m. 4 de long, 4 m. 8 de large et 3 m. 5 de haut. Quel est le volume d'air qu'elle contient? Quel est le poids de cet air si 1 décimètre cube d'air pèse 1 gr. 293?

73. La pièce de 10 centimes en bronze ayant un diamètre de 30 millimètres, combien faudrait-il mettre de pièces les unes au bout des autres pour obtenir une longueur de 11 m. 55?

74. 100 kilogrammes de farine donnent 125 kilogrammes de pain. Combien pourra-t-on faire de kilogrammes de pain avec 5 sacs qui contiennent chacun 120 kilogrammes de farine?

75. Le litre de lait pesant 1 030 grammes, quel est le poids en kilogrammes du lait qu'une vache a donné dans une semaine à raison de 12 litres par jour?

76. Un champ de blé de 1 ha. 84 a donné 6 gerbes de blé par are, et chaque gerbe donne 2 kg. 5 de paille. Quel est le poids de la paille récoltée dans ce champ?

77. Un marchand de charbons a acheté 75 tonnes de charbon de terre pour 3 000 francs. Il revend ce charbon 4 fr. 50 le quintal. Quel est son bénéfice?

78. Combien pourrait-on faire de pièces de 5 francs avec 2 kg. 750 d'argent monnayé?

79. Quelle est en décimètres carrés la surface d'une chambre qui a 4 m. 50 de long sur 3 m. 90 de large?

80. Un champ a produit 320 gerbes de blé donnant chacune en moyenne 3 litres de grain? Combien ce champ a-t-il fourni d'hectolitres de grain. Quelle en est la valeur à 25 francs l'hectolitre?

81. Un champ rectangulaire de 75 mètres de long sur 46 mètres de large a été vendu à raison de 50 francs l'are. Quel est son prix de vente?

82. Un cultivateur a vendu 34 sacs de pommes de terre de chacun 14 décalitres à 5 fr. 20 l'hectolitre. Quelle somme a-t-il reçue?

83. Un charcutier donne à un enfant 25 grammes de saucisson pour 2 sous. Quel est le prix du kilogramme de saucisson?

84. Un champ de fèves de 18 ares a produit 42 décalitres de grain. Quel est en hectolitres le rendement par hectare?

85. Pour ensemencer un hectare de terrain, il faut 41 décalitres de grain. Combien faut-il d'hectolitres de grain pour ensemencer un terrain de 1 h. 8 a.?

86. Le blé coûtant 32 fr. 50 le quintal métrique, quelle somme paiera-t-on pour 35 sacs pesant chacun 115 kilogrammes?

87. J'ai payé 112 francs une pièce de vin dont je ne connais pas la contenance. L'hectolitre de vin coûtant 50 francs, quelle doit être en hectolitres la contenance de la pièce?

88. 100 kilogrammes de blé produisant 25 kilogrammes de son, quelle quantité de son obtiendra-t-on avec 28 hectolitres de blé si l'hectolitre de blé pèse 75 kilogrammes?

89. Un cultivateur a acheté pour 7 fr. 25 de graine de betterave qui coûte 1 fr. 50 le kilogramme. Combien en a-t-il eu d'hectogrammes?

90. Un sac contient 7 pièces de 5 francs en argent, 13 pièces de 2 francs et 16 pièces de 1 franc. Quelle somme contient-il? Quel est le poids de cette somme?

91. Un terrain contenait 2 ha. 48. On en a pris 96 ares pour construire une maison et faire un jardin. Le reste a été vendu à raison de 60 francs l'are? Quelle somme a-t-on reçue?

92. Le kilogramme de café valant 8 francs, combien en aura-t-on de grammes pour 1 fr. 60?

93. Un épicier reçoit 125 litres d'huile à 26 francs le décalitre et 175 kilogrammes de sucre à 128 francs le quintal. Quel est le montant de sa facture?

94. On veut border un tapis rectangulaire de 31 mq. 96 de surface et 6 m. 8 de longueur. Quelle est sa largeur? Combien faudra-t-il de mètres de ruban pour le border?

95. Un marchand achète du charbon à 32 fr. 50 la tonne. En le revendant, il veut gagner 1 fr. 25 par quintal. Combien vendra-t-il le quintal? Combien recevra-t-il pour 650 kilogrammes?

96. J'ai acheté 3 fûts de vin rouge de chacun 225 litres à 38 francs l'hectolitre. J'ai payé en outre 69 fr. 50 pour les frais de transport et les droits d'entrée. Quelle somme ai-je dépensée en tout?

97. Le pas ordinaire d'un homme étant de 75 centimètres, combien de pas a dû faire un homme qui a franchi le trajet d'aller et retour entre deux villes espacées de 7 km. 2 hm. 8 mètres?

98. Un fermier vend 25 sacs de blé contenant chacun 12 décalitres à 22 fr. 50 l'hectolitre. Quelle somme reçoit-il?

99. Quelle est la valeur du charbon contenu dans un wagon de 15 400 kilogrammes à raison de 3 fr. 25 le quintal métrique?

100. Une pile de bois de bouleau de 14 m. 50 de long, 0 m. 90 de large et 2 m. 40 de hauteur a été vendue 420 francs. Quel est le prix du décastère de ce bois?

TABLE DES MATIÈRES

ARITHMÉTIQUE

			Pages
Chapitre	I.	— Numération des nombres entiers	5
—	II.	— Numération des nombres décimaux	29
—	III.	— Addition	·37
—	IV.	— Soustraction	51
—·	V.	— Multiplication	65
—	VI.	— Division	83

SYSTÈME MÉTRIQUE

Chapitre	I.	— Notions générales	107
—	II.	— Mesures de longueur	111
—	III.	— Mesures de capacité	121
—	IV.	— Mesures de poids	131
—	V.	— Monnaies	143
—	VI.	— Mesures de surface	153
—·	VII.	— Mesures de volume	167

Coulommiers. — Imp. Paul BRODARD. — 618-94.

www.ingramcontent.com/pod-product-compliance
Lightning Source LLC
Chambersburg PA
CBHW060608210326
41519CB00014B/3598